바이러스의 습격

바이러스의 습격

| 최강석 지음 |

ATTACK OF VIRUSES

살림

차 례

제3장 신종 전염병과의 끝나지 않는 전쟁
: 바이러스와 더불어 살아가기

들어가는 말

2009년 4월 초 화창한 봄날이었습니다. 벚꽃의 전성기! 대충 상상만 해도 4월의 벚꽃이 흐드러지게 핀 정경이 머리에 떠오를 것입니다. 사무실 앞 정원에도 어김없이 벚꽃의 무더기가 시선을 하얗게 압도하고 있었습니다. 그 화사한 풍경에 걸맞게 즐거운 편지를 받았습니나. 7월에 캐나다 벤쿠버에서 개최될 바이러스학회에서 연구 성과를 발표하라는 승인편지였습니다. 1월에 발표를 신청하여 몇 달이 지난 시점에서야 연락이 온 것이었습니다.

자신의 연구 성과를 같은 분야 연구자들에게 자랑하고 그들의 정보를 또한 내가 공유한다는 것은 즐거운 일입니다. 편지를 받자마자 국내 한 항공사에 항공권 좌석 예약을 하러 전화를 했습니다. 그런데 석 달 전인데도 표가 없다는 다소 의외의 답변을 들었습니다.

'아직 3개월이나 남았는데?'

사실 여태껏 이런 기회가 생겨 학회에 참석하게 되면 한 달 정도 전에 예약을 해도 별 문제없이 항공권 예약을 할 수 있었는데 참으로 의외였습니다. 어찌되었건 간에, 미국 캘리포니아를 경유해서 가는 항공편으로 항공권 예약을 마쳤습니다. 비행기 표가 없다는 이야기를 했더니 주변에 있는 분들이 다들 그럽니다.

"7월이면 휴가가 시작되고, 여름방학 어학연수 시즌도 겹치고, 그리고……"

그럴 이유가 있다는 것이지요.

아무튼 그로부터 보름이 지났습니다. 우연한 기회로 인터넷에서 항공권 좌석 조회를 했는데 캐나다 밴쿠버행 비행기에 잔여석이 있었습니다. 사실 가능하면 직행으로 갔으면 했는데 다행히 자리가 생긴 것입니다. 그래서 항공권을 바로 바꾸었습니다. 여행을 계획했다가 일정대로 여행을 가지 못하게 되자 어쩔 수 없이 취소하는 경우가 많으니 그럴 것입니다. 괜히 조바심 내면서 굳이 그렇게 호들갑을 떨 필요가 없었구나 싶었습니다. 알고 보니 그런 경우가 비일비재하답니다.

바로 그 다음날, 그러니까 4월 25일 토요일이었습니다. 캐나다 밴쿠버행 비행기에 갑자기 잔여석이 생겼던 것에 대한 나름대로 또 하나의 그럴듯한 이유를 찾아냈습니다. 아닐 수도 있지만 사람이라는 게 그럴 것이라는 집착을 하면 그렇게 보이기 마련입니다. 아무튼 그날 식구들과 오랜만에 저녁 식사를 즐기고 포근한 마음으로 뉴스를 보고 있었습니다. 그런데 마치 기다렸다는 듯이 공중파 방송들이 일제히 북미 지역에 신종 플루가 급속히 확산되고 있다는 소식을 대대적으로 보도하기 시작했습니다. 멕시코 보건부 장관이 멕시코시티에서 개최되는 모든 공공장소 군중모임 금지와 학교 휴교령을 발표했다는 뉴스였습니다. 멕시코에서 그 정도 상황이라면 북미 지역사회에선 이미 신종 플루 유행에 대한 많은 소문들이 널리 퍼져 있었을 것이라는 생각이 들었습니다. 아마도 그 때문에 몇 명이 여행을 취소한 게 아니었을까요.

7월 바이러스학회의 메이저는 예상했던 대로 인플루엔자 바이러스였습니다. 참으로 대단한 주제였습니다. 인플루엔자와 관련된 주제들이 주류를 이루었습니다. 한동안 주류를 이루었던 후천성면역결핍증(AIDS)도, 한때 세계를 긴장시켰던 사스(SARS)도, 지난 몇 년간 미국을 뒤집어 놓은 웨스트나일 뇌염(West nile encephalitis)도, 그리고 최근 남미에서 문제되는 뎅기열(Dengue fever)[1]도 안방에서 많이 밀린 느낌이 있습니다. 그 위력은 참으로 대단합니다. 인플루엔자를 연구하는 사람들 살맛났다고 다들 그렇게 말합니다. 그들은 한동안 관심에서 벗어난, 그래서 먹고살기 힘든 인플루엔자 연구를 하면서 그 고독한 싸움을 벌여오다가 최근에야 빛을 보고 있는 것입니다. 정확히 말하자면 제대로 밑천을 닦아온 사람들이 빛을 보는 것입니다.

학회에 참석하는 또 다른 즐거움은 각 바이러스 분야별 스타 과학자가 하는 특강입니다. 그들은 30분에서 40분 정도 짧은 시간에 그의 분야를 이야기합니다. 그 강연에는 자신의 분야에 대한 심오한 지식이 들

1) 뎅기 바이러스에 의해 유발되는 질환으로 발열, 두통, 근육통, 발진, 백혈구 및 혈소판 감소 등의 증상을 보인다.

어 있고, 오랜 기간 쌓아온 그들의 뜨거운 열정이 배어 있습니다. 지식의 깊이가 아직도 얕은 젊은 연구자로서 그것을 함께 느끼고 배우는 것입니다.

이번 학회에서는 최근의 관심을 반영하듯, 이례적으로 인플루엔자 특강자로 두 사람이 초청받았습니다. 미국 질병통제센터(CDC)의 테렌스 텀피와 미국 위스콘신 대학의 요시히로 가와오카가 그 주인공입니다. 이 사람들이 현재 인플루엔자 연구의 선두 주자들입니다. 그들이 강연을 시작하자 3층으로 된 그 큰 강당을 가득 메운 과학자 청중들이 숨죽이고 그들이 내뱉는 한 마디 한 마디 놓치지 않고 집중해서 경청합니다. 다들 대형 스크린에 나타난 그들의 발표 자료를 놓칠 새라 뚫어지게 바라봅니다. 현재 유행하고 있는 2009신종 플루에 대한 연구 결과들도 상당수 발표되었습니다. 이들 정보들은 인플루엔자에 대한 많은 영감과 감동, 그리고 이 질병을 이해하는 데 많은 도움을 주었습니다. 그리고 지금 이 책을 쓰는 데에도 인플루엔자라는 것에 대하여 편하게 쓸 수 있는 바탕이 되었습니다.

대부분 스페인독감에 대해 들어 본 적이 있을 것입니다. 전염병의 전지구적 대유행 즉, 판데믹(Pandemic)을 거론할 때마다 어김없이 등장하는 과거 전염병 참사 사건이 스페인독감입니다. 1918년 당시 수개월 동안 전 세계에서 독감으로 죽은 사망자만 5천만 명이나 되니 그 독감 피해는 엄청나게 끔찍한 것이었습니다. 현재 대한민국 인구가 그 정도입니다. 수개월 동안에 그 많은 사람들이 죽어가는 모습을 상상하는 것 자체가 끔찍한 일입니다. 우리는 지난해 백만분의 일도 안 되는 전염가능성을 가진 광우병에도 많은 국민들이 불안에 떨었습니다. 이렇게 전염가능성이 낮지만 공포를 유발하는 상황을 가리켜 우리는 이 문제가 객관적인 안전의 영역이 아니라 주관적인 안심의 영역에 속하는 문제라고 말합니다.

하지만 스페인독감과 같은 치명적인 질병의 위험성은 안심의 영역을 한참 벗어나 안전의 영역을 위협하는 것입니다. 누군가 막연하게 걸릴 위험이 있다는 차원이 아니라, 당장 나 자신이나 내 가족에게 현실로 닥칠 수 있기 때문입니다. 우리는 이름 모를 수많은 사람들이 모이는 쇼핑 장소에도 가야 하고, 그렇게 붐비는 장소에서 문화생활도 즐겨야 합니다. 당장 우리는 아침부터 이름 모를 수많은 사람들이 타는 대중교통 수단을 이용하고 있습니다. 그리고 알고 있거나 모르고 있거나 수많은 누군가와 마주 앉아 대화를 나누어야 합니다. 만약 우리가 살아가고 있는 공동체 어딘가에서 문제가 발생한다면 이렇게 필수적인 나의 자유가 제약을 받게 됩니다. 우리는 전염병이라는 유쾌하지 않은 대상에 언제든지 노출되어 고통을 받을 수 있기 때문입니다. 그러므로 우리 자신이 생활하는 자유가 강제로 제한당하면서도 당연히 받아들여야 하는 현실에 부딪치는 것입니다.

그래서 4월 25일 처음으로 한국 언론과 방송에서 보도되기 시작한 신종 플루 소식을 접했을 때, 나도 모르게 자연스럽게 떠오른 것이 1918년 스페인독감이었습니다. 왜냐고요? 진행상황이 초반이라 밝혀진 것들이 극히 미미하지만 그럼에도 불구하고 북미지역 신종 플루와 스페인독감이 여러 가지 측면에서 비슷한 점이 많기 때문입니다. 무엇보다도 우선적으로 중요한 것이 인플루엔자라는 것에서부터 시작됩니다. 인플루엔자는 전염병 판데믹의 대명사입니다. 왜 그렇게 인플루엔자를 두려워하냐고요? 두려운 존재이니까 두려워하는 것이고, 인류에게 부닥칠 가능성을 가지고 있으니까 두려워하는 것입니다. 왜 그러한지는 이 책을 읽고 나면 자연스럽게 이해가 될 것입니다.

북미지역에서 시작된 신종 플루를 일으키는 주범은 인플루엔자 바이러스이고 인플루엔자 바이러스 중에서도 현재 살고 있는 인간 집단에게 전혀 노출된 적이 없었던 바이러스입니다. 쉽게 말하면 현재 살고 있는 사람들은 이 바이러스에 대응할 면역체계를 갖추고 있지 않은 무방비 상태라는 것입니다. 그래서 만약 대유행이 심각해지면 신종 플루 백신 접종을 해서 인공적으로라도 사람들을 무방비 상태에서 방비 상태로 만들어 놓으려고 하는 것입니다.

현재 밝혀진 바로는 북미지역에서 나타난 신종 플루 바이러스가 A형에 속하는 H1N1 아형이라는 것입니다. 스페인독감 바이러스도 같은 H1N1 아형입니다. 물론 H1N1 아형이 신종 플루가 나타나기 전에 없었던 것은 아닙니다. H1N1 아형이라는 자체가 대단히 치명적인 아형을 나타내는 것은 아닙니다. 매년 유행하는 일반유행성독감 바이러스들에도 H1N1 아형이 많이 있습니다. 그래서 일반유행성독감 백신을 만드는 바이러스 종독 3종을 세계보건기구(WHO)에서 선정할 때에도 매년 H1N1 아형의 백신 종독 1종이 들어가 있습니다.

그리고 지역적으로나 시기적으로 참으로 묘한 공통된 인연이 있습니다.

사실 스페인독감이 처음 유행한 지역이 미국입니다. 그것도 1918년 3월입니다. 이번 신종 플루가 처음 출현한 곳도 북미지역이고 그 시점도 3월로 추정하고 있습니다. 게다가 이 두 독감은 이에 덧붙여 인간 앞에 처음 나타났을 때 참으로 부드러운 이미지를 가지고 나왔습니다. 스페인독감의 경우에도 처음 나타났을 때 사람을 죽이는 독성이 약했던 것입니다.

신종 플루가 전 지구적으로 대유행하니 주변의 지인들이 스페인독감이 왜 그토록 무서운 전염병이었는지, 신종 플루를 정말 무서워해야 하는지, 의학이 발달한 현 시대에서도 왜 항상 준비하고 있어야 하는지 등 인플루엔자에 대해 물어 봅니다. 간단한 설명만으로도 다들 매우 흥미로워 합니다. 이 책 내용의 상당 부분은 인플루엔자와 관련되어 있습니다. 이 책에서는 어떤 질병의 유행피해 예측이나 정책적 판단 등 전문적인 해결책을 논하려고 하는 것이 아니라 최근에 우리 인간 앞에 나타났던 신종 전염병들이 어떻게 출현해서 문제가 되어 가는지 그 부분에 되도록 초점을 맞추려고 노력했습니다.

신종 전염병은 자연숙주라는 종에서 새로운 숙주로 전염병이 넘어가는 과정 즉 '스필오버(spillover)'를 필수적으로 거쳐서 우리 사람들 앞에 나타납니다. 이 책에서 언급되는 신종 전염병들이 모두 이러한 과정을 거쳐 우리들 앞에 나타났습니다. 뒤집어서 말하자면 인간의 생활공간에서 사라졌든 그렇지 않든 자연숙주라는 거대한 자연 용기 안에서 공포의 바이러스들은 여전히 살아 있다는 것입니다. 그래서 이 책에서는 '신종 전염병이 어떻게 출현하게 되었는가?' 하는 측면을 가능한 쉽고 재미있게 서술하려고 노력하였으나 지식이 미천한 관계로 보다 깊이 있는 내용을 제대로 담지 못했을까 두렵습니다. 그러한 연유로 이 책을 집필하는 데 많은 용기가 필요했습니다. 내 머릿속에 들어 있는 단순한 지식이 아니라 많은 과학자들의 노력으로 발표된 연구 논문들을 최대한 참고하였으며 이를 바탕으로 책의 상당부분이 만들어졌음을 밝혀 두고자 합니다. 아무쪼록 우리가 사는 세상을 사랑하는 마음으로 필요한 지식과 정보를 담고자 노력했습니다. 혹시 참고한 내용이나 인용된 사항이 잘못 표현되었거나 과장된 사실이 있다면 너그러이 알려주시면 추후 성실하게 수정할 것을 약속드립니다.

마지막으로 이 책의 집필은 많은 동료학자들과 친구들의 도움과 격려가 있었기에 가능하였음을 밝혀둡니다. 그들은 책의 흐름과 방향이 흐트러지지 않게 그리고 내가 잘못 알고 있는 내용에 대해 성실히 조언을 해 주었습니다. 보다 세련된 책을 출간하기 위하여 많은 조언을 아끼지 않으신 살림출판사 관계자 분들에게도 감사드립니다. 이 책을 집필하고 출간하는 과정에서 아내 김상애와 아들 동현, 딸 소연이 함께 만들어 준 사랑과 용기가 나에게 얼마나 소중한지 깨닫게 되었습니다. 나를 둘러싼 모든 분들을 사랑합니다.

제 1 장

대량 학살자 스페인독감

스페인독감의 공포와 실체, 그리고 신종 플루

스페인독감은 과거의 사라진 전설이 아닙니다.

스페인독감은 앞으로 다가올 위험에 대비하기 위해 배워야 하는 경험의 문제입니다.

스페인독감의 특징을 알고 그 정체를 조금이라도 더 파헤치게 되면 우리가 향후에라도 독성이 강한 독감이 출현하더라도

그들이 어떻게 행동한다는 것을 알기에 거기에 맞추어서 대비할 능력을 가지게 되는 것입니다.

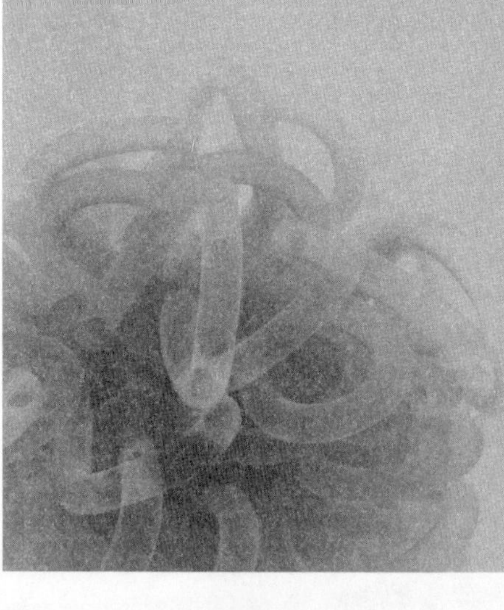

1918년 봄, 스패니쉬 레이디의 출현

왜 '스페인독감'일까

신종 플루 때문에 1918년 대유행한 스페인독감이 다시 주목받고 있습니다. 저 역시 스페인독감에 대해 종종 질문을 받곤 합니다. 그런데 사실은 스페인독감이 미국에서 처음 시작된 것이라고 하면 대부분 사람들은 의아해 합니다. "그렇다면 왜 미국독감이 아니고 스페인독감이라고 부르냐?"는 것이죠.

이름은 그 전염병의 사회적 이미지를 결정짓는 중요한 요소이기에 신종 플루의 초기 유행 때도 돼지독감이니 멕시코독감이니 하는 이름 때문에 논란이 있었습니다. 신종 플루를 멕시코독감이라고 부르자고 제안했던 유럽의 한 과학자는 그 나라에 주재하고 있는 멕시코 대사관으로부터 심한 항의를 받기도 했습니다.

산 이시드로 축제의 모습. 사람들이 모여 접촉하면 전염병이 급속하게 전파된다.

그렇다면 왜 1918년의 독감은 '스페인독감'이 된 것일까요?

독감이 휩쓸고 지나간 1918년은 제1차 세계대전이 절정으로 치닫고 있는 시점이었습니다. 당시 대부분의 전쟁 당사국들은 적에게 유리할 수 있는 전염병 피해와 사회 혼란과 관련된 언론보도를 통제하고 있었습니다. 그에 비해 중립국인 스페인은 전쟁 참가국들(대부분 스페인독감 유행국)에 비해 언론 통제가 적었기 때문에 이 질병에 대한 보도가 자유로웠습니다. 스페인의 언론에서 가장 먼저 이슈가 되었기 때문에 이 독감의 명칭이 유래한 것입니다.

좀 더 자세한 사정을 살펴보면 이렇습니다. 당시 젊은이들이 전쟁에 참가하자 유럽 본토의 노동력이 부족해졌습니다. 스페인 노동자들은 일거리를 찾아 프랑스로 몰려들었고, 이렇게 돈을 벌기 위해 프랑스로 갔다가 기차를 타고 돌아온 사람들이 이베리아 반도(스페인)에 최초로 독감을 퍼뜨린 것입니다. 특히 5월 중순 마드리드의 산 이시드로 축제(Fiesta de San Isidro)가 열리자 수많은 군중이 거리나 무도회장에 모여 각종 축제와 파티를 즐겼고, 그 직후 독감이 폭발적으로 발생하였습니다. 당시 스페인 국왕 알폰소 13세(King Alfonso XIII)를 비롯한 많은 각료들이 독감에 걸려 앓았다고 합니다. 공공 업무가 마비될 정도로 대유행한 독감은 「마드리드 ABC 신문」에 거의 매일 헤드라인 뉴스로 등장했습니다. 그렇게 해서 이 병은 스페인독감으로 불리게 된 것입니다. 하지만 당시 독감은 좀 심하게 며칠 앓기는 했지만 곧바로 회복되는 등 독성이 약했기 때문에 '스패니쉬 레이디(Spanish Lady)'라고 불렸습니다. 미국이나 프랑스 등 전쟁참가국들보다도 대유행 시기가 상당 기간 늦었음에도 스페인이 독감 주범국인 것 같은 이미지를 갖게 된 것는 것은 다소 억울한 일일 것입니다.

스페인독감의 발생과 전파

그렇다면 스페인독감의 진원지는 어디일까요? 유럽 기원설, 중국 남부 기원설, 미국 기원설 등 다양한 주장이 있지만, 현재까지 밝혀진 바로는 미국이 스페인독감의 진원지라는 것이 다수의 견해입니다. 당장 2009년 발생한 신종 플루도 그 기원을 제대로 밝히지 못하고 있는 판에, 거의 90년 전 과거에 일어난 일(독감 대유행)에 대한 유래를 따진다는 것 자체가 어찌 보면 불가능해 보이는 퍼즐을 푸는 일에 가깝긴 합니다. 하지만 연구자들은 많은 노력을 기울여 이 과거의 질병에 대해 적지 않은 단서들을 찾아내었습니다.

미국에서 스페인독감이 처음 출현한 것은 겨울의 냉기가 채 가시기도 전인 1918년 2월에서 3월 대충 그 시기인 것으로 보입니다. 그 시기에 미국 중부지역 캔사스 주의 하스켈 읍내로 독감이 크게 휩쓸고 갔다고 기록되어 있습니다. 이 하스켈 출신의 신병 한 명이 캔사스 주에 있는 미군 신병훈련소에 입소하면서 독감이 그 부대에서 3월에 유행합니다. 그 이후 미국 내 독감은 주로 군부대를 중심으로 크게 유행하였고 그 이외 지역에서는 간헐적으로 유행한 것 같습니다.

그 당시에는 온통 관심이 전쟁 뉴스에 집중되어 있었기 때문에 매년 오는 흔한 독감(당시엔 그렇게 생각했을 것입니다)이 좀 유행한다고 해서, 그리고 며칠 좀 앓는다 해서 그것이 크게 이슈가 될 정도로 한가한 상황은 아니었을 것입니다. 이것이 1918년 스페인독감의 봄철 초기 상황이었습니다. 만일 1918년 봄철에 유행한 이 사소한 독감이 엄청난 인명피해의 시발점이었다는 것을 미리 알았다면 사람들이 이 독감에 대해 손을 놓고 있지는 않았을 테지요.

그 후 이 독감은 미국의 제1차 세계대전 참여로 1918년 4월 유럽에 새롭게 전진 배치된 미군 부대를 통해 유럽으로 건너간 것으로 알려져 있습니다. 유럽에서 제일 먼저 유행한 곳은 해군기지가 있었던 항구도시 브레스트였습니다. 프랑스에서 독감은 프랑스에 주둔하고 있던 미군, 프랑스군, 영국군 등 군부대를 중심으로 집중적으로 유행했습니다.

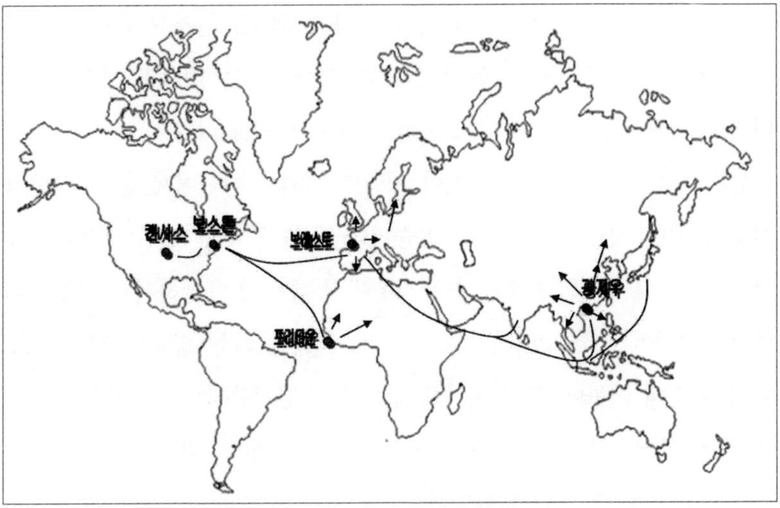

스페인독감의 전파 경로. 1918년 봄의 스페인독감은 전 세계로 퍼져나갔다.

이것은 미군이 스페인독감을 미국에서 유럽으로 퍼다 날랐다는 간접적인 증거가 됩니다. 영국의 경우 프랑스에서 유행한 지 한두 달 정도 지난 6월에야 처음 유행이 시작되는데 아마도 프랑스에 주둔한 영국군 부대의 복귀에 의해 전파되었기 때문일 것입니다. 유럽 본토의 경우 미국의 적성국이었던 독일 베를린에서는 그해 4월 말에, 북쪽 스칸디나비아 반도는 그해 8월에 유행을 합니다. 그해 가을철의 경우 거의 같은 시기에 동시 대유행한 것에 비해 매우 느린 속도를 보이는 대목입니다.

프랑스에 독감이 유행하기 시작한 봄철 비슷한 시기에 아프리카의 항구도시 프리타운에서도 독감이 시작되었습니다. 이 항구 도시는 미국으로 끌려간 노예들이 아프리카로 돌아와 정착한, 말 그대로 노예해방을 의미하는 자유의 도시였습니다. 아마도 미국에서 아프리카로 정착하기 위하여 돌아온 흑인들에 의해 독감이 유입되었던 것 같습니다. 그러나 프리타운을 중심으로 독감이 크게 유행하기는 했지만 아프리카의 다른 지역으로 크게 확산되지 못하고 제한적이었습니다.

1918년의 봄철 독감은 아시아 지역도 예외가 아니어서 중국, 일본에서도 유행한 것으로 기록되어 있습니다. 특히 중국의 경우 서방국가들과의 주된 교역항구인 홍콩과 광저우에서 독감이 유행하기 시작했습니다. 이 지역이 중국 무역과 교류의 허브 역할을 하는 항구인 점으로 보아서 군부대 이동에 따른 전파를 넘어서 유행지역에서 온 선교사, 사업가 등의 국제적인 인적 교류 자체가 아시아 지역에서의 독감 발생을 유발했다는 추측을 가능케 합니다.

부드러운 첫 만남

독감의 초기 유행 속도는 가을철 대유행에 비해 느렸을 뿐만 아니라 유행 지역도 상대적으로 제한적이었습니다. 비록 유럽 지역과 미국 내 미군부대에서는 감염률이 25-50퍼센트에 이를 정도로 높았지만, 미국과 인접한 캐나다 지역이나 남미 대륙에서는 독감이 거의 유행을 하지 않았습니다. 그해 봄철 사람들 사이의 긴밀한 접촉에 의해 독감 전염은 이루어지지만 매우 긴밀하고 빈번한 접촉이 없다면 사람 간 전염이 쉽게 이루어지지 않았다는 것을 의미합니다(즉, 전염력이 낮았습니다). 그 원인으로 가을철과 달리, 봄철 독감 바이러스가 조류에서 넘어온 뒤 시간적으로 사람들 사이에서 미처 완전하게 적응이 되지 않았기 때문으로 보는 시각도 있습니다. 최근 신종 플루 바이러스의 사람 간 전염력에 대한 논란(제2장 참조)을 보면서 유심히 바라볼 만한 대목입니다.

그럼에도 불구하고 사람들, 특히, 집단 생활하는 군인들 사이에서 독감에 감염된 사람들이 많았던 것은 사람들 간 전염력은 낮았지만 그 당시 젊은 사람들에겐 생소한 바이러스라서 면역체계가 무방비 상태였기 때문이라고 보는 입장도 있습니다. 하지만 봄철 나타난 독감 바이러스가 생소한 바이러스임에도 불구하고, '스패니쉬 레이디'라는 이름에서 알 수 있듯이 감염된 사람들 사이에서의 치사율은 의외로 매우 낮았습니다.

스페인독감의 초기 역사를 살펴볼 때, 다음과 같은 질문들을 던질 수 있습니다. "지역적으로 왜 독감유행이 제한적이었는가?" "가을철에 비해 왜 그렇게 독감의 독성이 약했는가?" 바로 이 문제들이 2009년형 신종 플루를 바라보고 있는 우리로서는 유심히 보아야 할 대목이기 때문입니다. 앞으로 알게 되겠지만, 스페인독감을 알면 신종 플루가 보입니다.

1918년 가을, 판데믹의 발생

순식간에 세계를 휩쓴 괴물 바이러스

이 글을 쓰는 지금도 신종 플루 관련 뉴스가 하루도 쉬지 않고 연일 방송과 언론에서 나오고 있습니다. 이 우울한 소식 중에는 치명적인 변종 바이러스를 걱정하는 목소리도 있습니다. 많은 전문가들은 신종 플루의 독성을 이야기 하면서, 가을-겨울 환절기 이후에 독성이 변할지도 모른다고 두려워합니다. 왜 그럴까요? 스페인독감이라는 과거의 역사를 돌아보면 그 우려하는 시각이 어느 정도 공감이 될 것입니다.

1918년 봄철에 유행한 독감은 그해 8월말에 와서는 갑자기 사람들 사이에서 독성이 매우 강한 바이러스로 돌변합니다. 여름철에 유행하던 독감 바이러스에서 어떤 알 수 없는 돌연변이 상황이 발생한 것이 분명해 보입니다. 이렇게 독성이 강한 독감 바이러스는 미국의 보스턴과, 유럽의 프랑스 등에서 거의 동시에 출현했습니다. 그 덕분에 학자들 사이에서도 "독성이 강한 바이러스가 어디에서 나타났는가? 미국이냐? 유럽이냐? 아니면 동시에 출현했느냐?"의 문제를 둘러싸고 논란이 있습니다.

1950년대 인플루엔자 권위자 중 한 사람인 리처드 숍은 유럽에서 약간 빨리 나타나 미국 보스턴으로 독감 바이러스가 들어왔다고 주장했습니다. 그의 주장대로라면 스페인독감이 미국에서 처음 출현해서 다시 독성을 가지자마자 제일 먼저 미국으로 부메랑이 되어 돌아온 것입니다. 참으로 아이러니컬한 상황입니다. 이 상황에 대해 우리가 유심히 바라봐야 할 것이 숙녀(Spanish Lady)같이 온순했던 독감 바이러스가 여름을 거치면서 험악한 괴물로 독성이 크게 변했고, 그것이 가을 환절기에 사람들의 호흡기가 큰 일교차로 고통을 받고 취약할 때 폭풍처럼 나타났다는 점입니다. 도대체 여름에 바이러스에서 무슨 일이 일어났을까요? 우리는 그 과정에 대해 아는 것이 별로 없습니다. 너무나 많은 세월이 흘러버렸고, 그로 인해 봄철 바이러스에 대한 남은 흔적이 없기 때문입니다. 만약 타임머신을 타고 그 당시로 가서 무슨 일이 일어났는지 조사할 수 있다면 우리가 신종 플루에 대항하는 데 훌륭한 힌트를 줄 수 있을 테지만 말입니다.

하지만 약간의 기록을 통해 추측을 해볼 수는 있습니다. 미국의 경우를 봅시다. 1918년 8월 말 보스톤 연방부두에서 복무하던 해군 병사들에게서 발병한 것이 미국에서의 제2차 대유행의 서막이었습니다. 군부대에서 시작된 독감은 인근 군부대와 해군기지로 확산되었고, 이것이 미국 전 지역의 군부대와 해군기지 그리고 인근 도시로 급속히 퍼져

나가는 시발점이 되었습니다. 당시 군 부대의 군인 이동과 감염 환자의 이동이 지역 간 확산을 촉발시켰습니다. 그 당시 미국 내 독감 확산 상황은 전반적으로 교통수단(예, 기차) 이동과 관련되어 있었습니다. 감염 환자나 군인이 기차로 이동해서 내린 지역에서는 어김없이 독감이 퍼졌습니다. 이러한 유행 상황은 봄철이나 가을철이나 유사한 확산 과정입니다.

봄철과 달리, 가을철 유행의 심각한 문제는 사람들 간의 전염력이 매우 강하다는 것이었습니다. 일단 도시에 내린 독감 바이러스는 마치 번개 치고 달아나듯이 엄청난 속도로 사람들 사이를 훑고 갔다고 표현해도 좋을 정도로 상당히 빠른 속도로 번져 나갔습니다. 가을철에는 군부대뿐만 아니라 일반 시민들 사이에서도 독감유행은 엄청났습니다. 도시 곳곳에서 휴교령이 내려졌고 군중들이 모이는 모든 집회는 금지되었습니다. 미국 내 주요 도시에서는 단기간에 폭발적으로 환자가 늘어났습니다. 보스턴의 정반대쪽에 위치한 시애틀의 경우 심지어 마스크를 착용하지 않으면 전차조차도 타지 못하게 했습니다.

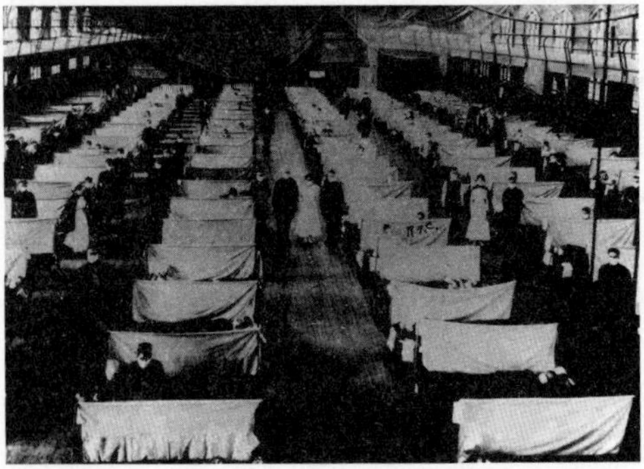

독감 환자들로 가득 찬 병실. 1918년 가을부터 겨울까지 전 세계 모든 주요 도시에서 이와 같은 광경을 흔히 볼 수 있었다.

독성 강한 바이러스가 처음으로 출현한 이후 몇 주 만에 수백 개의 군부대 지역을 중심으로 급속히 독감이 퍼져나갔고 마침내 10월 초에는 사실상 전 세계로 퍼졌습니다. 거의 한 달 만에 독감이 전 세계를 정복한 셈입니다. 봄철 유럽대륙 내에서도 수 개월이 걸렸던 것과는 전혀 다른 확산 속도였습니다. 당시 프랑스 파리에서의 사망률과 독일 베를린에서의 사망률 패턴이 시기적으로 거의 동일합니다. 과거 유럽 제국주의 국가들이 아메리카 신대륙에 천연두를 들여와 아스텍 왕국과 잉카 제국 등을 휩쓸어 버린 것을 보복이라도 하는 것처럼, 이번에는 거꾸로 아메리카 신대륙(원주민)에서 구대륙 유럽(제국주의자)으로 공포의 인플루엔자를 뿌려 놓은 꼴이 되었습니다. 전염 속도가 얼마나 대단했던지 사람이 교류하는 곳이면 어디에든 퍼져 나갔습니다. 아시아, 아프리카는 물론이고 태평양 조그만 섬들에서도, 알래스카의 동토에서도 인정사정이 없었던 것입니다.

변종 바이러스 판데믹의 엄청난 위력

보다 더 심각한 문제는 사람들 간 전염력이 강해서 전파 속도가 빨라졌을 뿐만 아니라 독감의 독성이 너무나 치명적으로 변했다는 것입니다. 전 세계 지역에서 독감으로 인한 급성 폐렴으로 사망하는 환자들이 속출했습니다. 그 당시 몇 달 동안 미국에서만 군인 수만 명을 포함해 약 67만 명 정도가 사망했습니다. 이 시기에 전 세계적으로 2천만 명에서 5천만 명 정도가 독감으로 사망한 것으로 추정됩니다. 대부분의 사망자들은 다른 독감 사망자들과 마찬가지로 2차 세균 감염에 의한 기관지폐렴으로 사망했습니다. 흥미로운 점은 전체 사망자의 약 10-15퍼센트는 급성호흡곤란증후군(Acute Respiratory Distress Syndrome, ARDS)으로 사망했다는 사실입니다. 서구 문명국들은 대부분 전쟁에 참여하고 있었고, 이들 전쟁 당사국의 경우 전쟁에 동원된 인력 때문에 민간 사회에 투입할 보건인력(의사, 간호사)에 심각한 문제가 발생했기 때문입니다.

세계 인구 통계를 뒤져 보았더니 1918년 당시 세계 인구가 약 18억 명 정도 됩니다. 당시의 사회적 수준으로는 독감 환자 통계를 정확하게 파악하는 것은 사실 어려운 점이 많았습니다. 당시 세계 인구 중 대략 5억 명 정도가 스페인독감에 걸렸다고 봅니다. 하지만 많게는 10억 명까지 거론하는 사람도 있습니다. 독감 환자가 5억 명이라고 가정하면 당시 살고 있던 사람 3명에 1명꼴로 스페인독감에 걸렸다는 이야기가 됩니다.

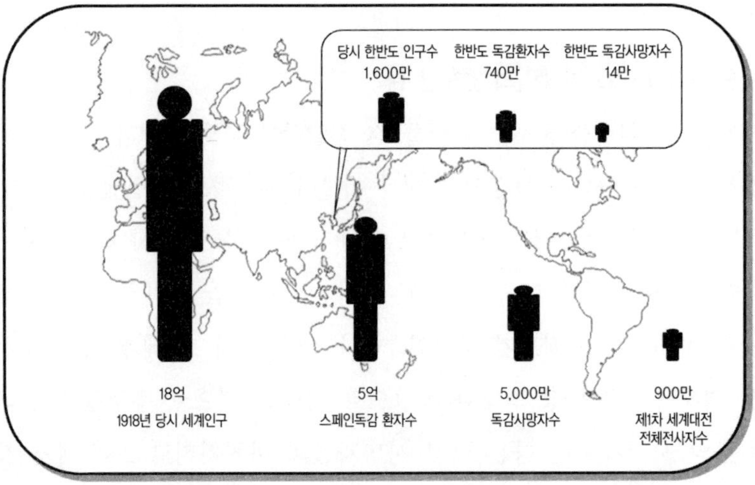

스페인독감 사망자 수. 전쟁보다 독감 때문에 죽은 사람의 수가 훨씬 많았다.

반복해서 말하지만 1918년의 세계는 제1차 세계대전이라는 엄청난 전쟁의 소용돌이 속에 있었습니다. 전쟁은 일상생활을 비참하게 만들고, 언제 죽을지 모르는 생사의 갈림길에서 헤매도록 강요합니다. 전쟁을 경험한 당사자들의 이야기를 들으면 영화에서 보는 장면들은 훨씬 순화된 이야기일 뿐입니다. 그러한 처참한 와중에 터진 것이 스페인독감이었습니다.

제1차 세계대전은 4년 이상 동안 지속되었습니다. 그 오랜 기간에 전장에서 죽은 젊은 군인들만 900만 명이라고 합니다. 이 숫자도 결코 적은 숫자는 아닙니다. 그런데 1918년 9월에서 다음해 2월까지 걸친 짧은 기간에 5천만 명이라는 천문학적인 숫자의 사람들이 지구 곳곳에서 독감에 걸려 사망했습니다. 전쟁으로 죽은 군인 수보다 5배나 많은 사람들이 죽어나간 셈입니다. 오죽하면 시체를 넣을 관이 바닥났다고 할 정도였습니다.

스페인독감이 미국에서 발생해서 당시 미국에서만 67만 명이 독감으로 사망했고, 그리고 전쟁 당사국들인 유럽 나라들에서도 피해가 컸다고 난리를 치고 있고 역사의 기록들도 거기에 집중되어 있습니다. 그러나 아이러니컬하게도 스페인독감으로 인한 가장 큰 피해 당사자들은 독감이 처음 발생했던 미국이나 유럽의 전쟁 당사국들이 아니라, 아시아 대륙에 살고 있던 아시아 사람들이었습니다. 특히 영국의 지배를 받고 있던 인도의 경우 그 피해가 가장 심했습니다. 남아 있는 기록상으로는 대략 1,700만 명이 스페인독감에 걸려 죽었다고 합니다. 전 세계 독감 사망자의 3분의 1 이상이 인도에서 발생한 것입니다. 이 수치는 당시 인도 인구 5퍼센트에 해당하는 엄청난 사망자 피해였습니다. 아무리 인도 인구가 많다고는 하나, 같은 인구 대국인 중국과 비교해도 지나치게 엄청난 규모입니다.

여기에서 매우 흥미로운 사실은 봄철에 독감을 가볍게 앓았던 사람들은 가을철 대유행기간 동안 거의 독감을 앓지 않았다고 하는 점입니다. 이것이 의미하는 것은 가을철 출현한 괴물 바이러스의 기본적인 항원 성질이 봄철 숙녀 바이러스에서 근본적으로 바뀌지 않았다는 것입니다. 봄철에 독감을 가볍게 앓은 사람들은 봄철 고통이 오히려 새옹지마가 되어 가을철 괴물 바이러스를 막아주는 견고한 면역을 선물 받은 셈이 된 것입니다.

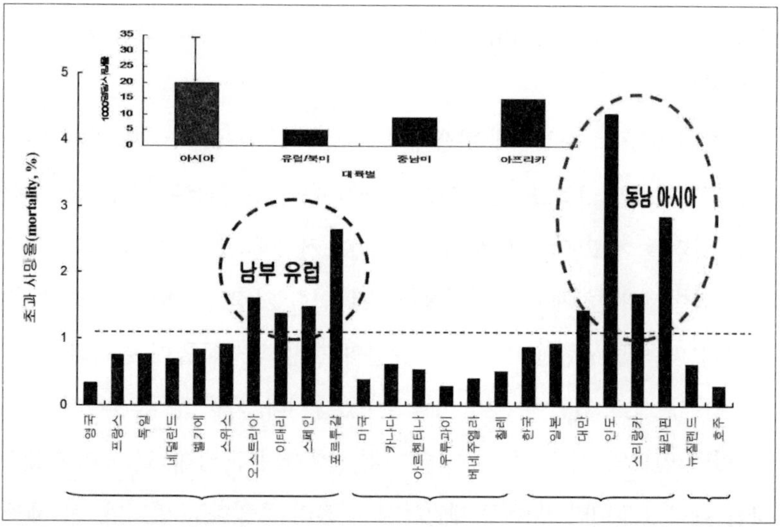

지역별 스페인독감 사망자. 전염병은 대도시와 선진국에서 더 빨리 전파되지만 사망률은 시골이나 후진국에서 더 높다.

스페인독감 유행 당시 대륙별 독감 환자의 치사율은 위생 수준이 낮은 아프리카나 아시아 대륙에서 상대적으로 매우 높게 나타났습니다. 같은 유럽 국가라도 지중해에 인접한 남부 유럽 국가들에서 상대적으로 사망률이 높게 나타났고 아시아 국가들 중에서도 동남아시아에 있는 국가들에서 상대적으로 높은 사망률을 보였습니다. 사실 지금도 독성이 강한 인플루엔자가 대유행하게 된다면 위생 수준이나 국가 수준 등에 따라 피해 정도의 국가별·지역별 차이가 많이 날 것입니다. 환경수준이 열악하거나 빈곤할수록 더 많은 사람들이 고통을 받게 되겠지요.

1918년 늦가을, 한반도 스페인독감의 유행

시베리아 철도가 옮겨 준 스페인독감

몇 년 전 사스(SARS)가 유행했을 때에도 그랬지만 가끔 김치를 먹는 한국 사람들에서 피해가 적다고, 그래서 김치에 독감 예방효과가 있다고 언론에서 보도하곤 합니다. 하지만 매년 동절기가 되면 어김없이 유행성독감 환자가 발생합니다. 겨울철에 한번 유행하면 일반적으로 국민의 10~20퍼센트 정도가 일반 유행성 독감에 걸립니다. 이 사람들이 김치를 안 먹어서 걸린 것은 아닐 것입니다. 그것만 봐도 김치가 독감 예방 효과와는 별로 관련이 없을 것이라고 봐야하지 않을까요. 사실 매년 천만 명이 넘는 사람들이 유행성독감 백신 주사를 맞고 있습니다. 2008년의 경우 1,250만 명의 사람들이 유행성독감 예방주사를 맞았습니다. 독감 예방은 김치가 아니라 백신이 1차 주역인 셈입니다. 다만 김치 속에는 마늘 성분 등 다양한 면역기능을 증가시키는 물질들이 들어 있습니다. 마늘이나 다른 양념으로 들어가는 성분들이 항암효과가 있다고 하는 이야기는 결국 면역기능 향상효과를 의미합니다. 그래서 김치가 몸 면역체계를 자극시키기 때문에 독감에 걸려도 상대적으로 피해가 조금이라도 덜할 수는 있지 않을까 싶습니다. 김치가 얼마나 면역기능을 증가시키고, 김치의 어떤 성분이 구체적으로 어떤 면역물질의 분비를 증가시키는지, 그 면역물질이 실제 독감 바이러스를 제어하는 데 중요한 기능을 수행하는 것들인지 연구해 보면 어느 정도 해답이 나오지 않을까 싶지만 아직 확증되진 않았습니다.

한국인이 즐겨하는 김치 이야기를 하다 보니 1918년 당시 이야기를 꺼내지 않을 수 없습니다. 김치를 즐겨 먹는 한국인들도 스페인독감으로 많은 피해를 보았습니다. 많은 조선인들이 독감에 걸렸고, 독감에 걸린 많은 사람들이 죽었습니다. 세브란스 의학전문학교에서 세균학을 가르치고 있던 프랭크 스코필드(Frank Scofield)[2]는 당시의 상황을 잘 정리해서 보고함으로써 귀중한 기록을 남겼습니다. 스코필드는 1918년 당시 한국의 스페인독감 유행상황을 정리하여 다음 해 1919년 미국의학회지에 발표했습니다. 그의 기록에 따르면 한반도에서 스페인독감은 미국이나 유럽처럼 1918년 봄철이 아니라 가을, 그러니까 9월 말경에 처음 시작되었습니다. 스코필드는 스페인독감이 선박을 통해 한반도 남쪽에서 들어온 것이 아니라 유럽으로부터 철도를 통해 시베리아를 거쳐 만주방향으로 해서 한반도에 들어왔다고 기록하고 있습니다.

---

2) 프랭크 스코필드(1889–1970): 영국 출생의 세계적인 수의학자이자 세균학자. 1916년부터 1920년까지 세브란스 의학전문학교 교수였으며, 광복 후 서울대학교 수의학 교수로도 재직했다.

이 전염 경로가 1870년대 당시 가축(소)의 신종 전염병인 우역[3]이 한반도에 유입되었던 바로 그 길이었습니다. 조선시대에 소는 집안경제의 든든한 버팀목이었습니다. 얼마 전 이충렬 감독이 제작한 다큐멘터리 영화 〈워낭소리〉에서처럼 우리들의 심금을 울렸던 동물입니다. 질병 통계가 나름대로 이루어진 일제시대의 기록을 보면 한반도 북쪽(지금의 북한지방)을 중심으로 20년 동안 소 6,500여 마리가 우역으로 죽은 것으로 공식 집계되어 있습니다. 아마도 실제 죽은 소는 공식 통계보다 훨씬 더 많았을 것입니다. 지금도 소 6,500마리는 적은 숫자는 아닙니다. 조선시대에 지금과 같은 대단위 사육농가가 없었고 대부분이 집집마다 한두 마리씩 키우는 정도였다고 보면 소를 잃은 가구 수가 최소한 수천 가구가 된다는 이야기입니다. 우역이라는 전염병이 소에 워낙 치명적이고 전염력이 강해서 마을 전체를 쑥대밭으로 만들었을 것입니다. 우역의 발생은 수천 가구의 집들이, 많은 마을 전체가 소를 잃고 가정 경제를 잃어 버렸던, 그래서 민심조차 흉흉하게 변하게 했던, 조선 후기의 중요한 신종 전염병 사건이었습니다.

다시 본론으로 돌아가서, 프랭크 스코필드는 한반도의 독감은 유럽에서부터 시베리아를 경유해서 기차를 통해 들어왔을 것이라고 주장하고 있습니다. 시베리아는 지금도 마찬가지지만 천연자원이 풍부한 보고입니다. 러시아로서는 천연자원을 수송할 수단 즉 시베리아 횡단철도를 건설하는 것이 러시아 천연자원의 보급선이자 부동항 개척에서 중요한 과제였습니다. 시베리아 횡단철도가 모스크바에서 블라디보스토크

3) 우역(rinderpest): 소에서 가장 치명적인 전염병으로 치사율이 90퍼센트 이상이다. 일단 전염병이 들어오면 마을에 있는 대부분의 소들이 수 주 이내 폐사된다. 현재 우리나라에서는 1931년 사라진 가축전염병이다.

까지 완공된 시기가 1916년으로, 1918년은 시베리아 철도역을 중심으로 사람들이 모여들고 동부지역으로 사람들이 몰려가던 시기였습니다. 프랑스 파리에서 러시아 극동지역 블라디보스토크까지 1만 킬로미터라는 엄청난 거리를 시베리아 횡단철도를 이용해서 갈 수 있었습니다. 이 거리는 지금도 기차로 쉬지 않고 달려도 일주일 이상 소요되는 엄청난 거리인데, 이 시베리아 횡단철도의 중간 정착역 중 하나가 만주 하얼빈이었습니다.

유럽에서 독감이 유행한 시기와 한반도에서 유행한 시기는 약 한 달 정도 차이가 있습니다. 사실 1918년 스페인독감은 프랑스 파리와 독일 베를린에서의 유행 시기가 며칠 차이가 나지 않을 정도로 빠르게 퍼져나갔습니다. 이런 속도를 감안하면, 스페인독감이 유럽(예를 들면 파리나 베를린)에서 모스크바를 거쳐서 시베리아 횡단열차를 타고 만주까지 온 다음, 다시 한반도로 들어오기에는 거의 한 달이라는 시간이 걸렸을 것입니다. 항공수단이 발달한 오늘날에는 단 하루 안에도 도달할 수 있는 거리지만 말입니다.

그 당시 스페인독감과 관련하여 주변 국가들의 상황을 봅시다. 그 상황을 이해하고 분석하다보면 스페인독감이 한반도에 들어올 가능성이 있는 경로가 몇 가지 더 있을 수 있음을 발견하게 됩니다. 중국 남부지역으로부터의 유래 가능성도 그 중의 하나입니다. 당시 중국 상황을 보면 중국 남부(홍콩과 광저우)지역에서 시작된 독감이 중국 동북쪽 해안을 따라 계속 북쪽으로 확산되었고, 그해 가을에는 만주지역 하얼빈에까지 창궐하였다고 합니다. 중국 남부지역에서 봄철에 유행했던 독감 바이러스가 중국의 동북쪽 해안을 따라 북쪽으로 확산되어 올라왔고 이것이 확산되는 과정에서 바이러스의 독성과 사람 간 전염력이 보다 강해졌을 수도 있습니다.

또 한 가지는 그 당시 러시아 극동지역과 관련하여 벌어진 주목할 만한 상황이었습니다. 1918년 당시 러시아는 볼셰비키 10월 혁명으로 시작된 러시아내전(1917-1920년) 중이었습니다. 미국, 일본, 영국 연합군이 러시아의 공산화를 저지하기 위하여 러시아 내전의 백군을 지원하고 있었습니다. 그런데 여기서 흥미로운 사실은 이 과정에서 미군들이 1918년 8월에 연해주의 도시 블라디보스토크에 진주하였다는 것입니다. 이 시기는 미국 대륙에서 스페인독감이 크게 유행하던 시기와 일치합니다. 미군의 참전으로 유럽에서 스페인독감이 퍼진 것처럼 같은 논리로 본다면 스페인독감이 미군과 함께 극동지역에 같이 진주했을지도 모르는 일입니다.

스페인독감이 유럽에서 시베리아를 거쳐 들어왔건, 중국 남부지역에서부터 북쪽으로 거슬러 올라와 들어왔건, 미군에 의해 러시아 극동지역에 직접 들어와서 기차를 통해 들어왔건 간에 북쪽지방에서부터 먼저 순차적으로 유행하여 남하했다는 걸로 보아 기차를 통해 북쪽을 통해 한반도로 들어온 것은 분명해 보입니다. 사실 일본의 상황을 보면 일본에서는 이미 봄철부터 스페인독감이 유행했습니다. 아마도 미국과의 잦은 인적 교류가 그 원인이었을 것입니다. 중국 광저우나 홍콩에서처럼 말입니다. 당시 한국의 경우에도 일본과의 교류가 잦았음에도 불구하고 일본에서의 봄철 독감유행 이후부터 가을이 오기까지 스페인독감이 일본으로부터 선박을 타고 인근 한반도로 들어오지 않았다는 점은 그저 신기할 따름입니다. 아마도 이미 봄철 독감이 일본을 통해 들어왔는데 그 독성이 약해서 크게 문제가 되지 않아 모르고 그냥 지나갔을 가능성도 있습니다.

가을에 추수할 사람이 없었다

1919년 1월에 당시 매일신보는 스페인독감의 유행으로 조선인 독감 환자가 742만 명이 발생했다고 보도합니다. 프랭크 스코필드도 그 당시 한반도 독감 환자는 전체 인구의 25~50퍼센트 정도라고 추정했습니다. 당시 한반도의 조선 인구 통계를 보면 약 1,600만 명 정도 되니까 한반도 인구의 절반에 육박하는 사람들이 지독한 독감에 걸린 것입니다. 숙주인 사람들이 대거 밀집해 살아가는 도시는 인플루엔자 바이러

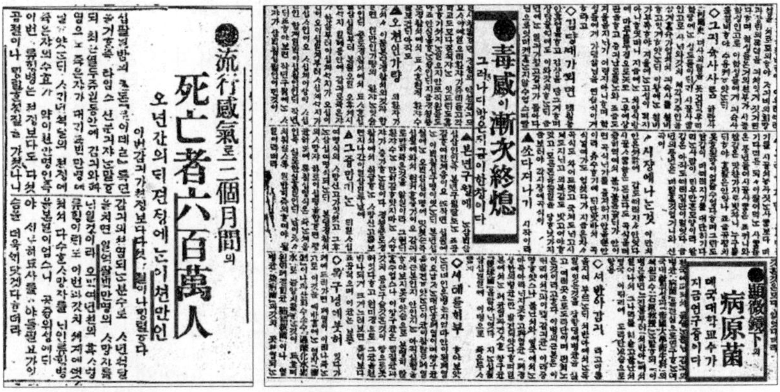
流行感氣로 二個月間의
死亡者 六百萬人
毒感이 漸次終熄
病原菌

1918년 겨울의 매일신보. 당시 독감 뉴스는 연일 신문을 장식했다. 2개월 동안 사망자가 600만 명이라는 보도가 눈에 띈다.

스가 살아남아 유행하는 데 좋은 조건을 가지고 있습니다. 그러므로 당시 한반도의 대도시라 할 수 있는 경성이나 평양에 살고 있던 대부분 사람들이 한 번씩 독감에 다 걸렸다고 추정할 수 있습니다.

당시 조선총독부 통계연감 자료를 보면 독감 사망자가 얼마 정도였는지 대충은 알 수 있습니다. 1918년과 그 전후 연도를 대비해서 보면 1918년 11월에 사망자수(독감 사망자수가 아니라 전체 사망자수)가 다른 해 11월에 비해 눈에 띄게 증가된 것을 알 수 있습니다. 다른 해의 11월 사망률의 3배에 이르는 수치입니다. 그리고 당시 매일신보에서 한반도에서의 스페인독감 유행에 관련된 심각한 기사들을 집중적으로 보도한 시기가 1918년 11월이었습니다. 이러한 당시 정황만으로도 11월 초과 사망자들 대부분이 독감사망자일 거라는 것을 쉽게 알 수 있습니다.

한반도에서의 사망률 패턴은 유럽이나 미국 대도시에서의 사망률 패턴과 유행기간 등이 거의 일치합니다. 마치 미국 뉴욕이나 프랑스 파리의 독감 사망률 곡선 그래프를 정확히 한 달 뒤로 옮겨 놓은 듯합니다. 독감 사망자수와 관련하여 매일신보 1919년 1월 기사는 조선인 독감 사망자수가 약 14만 명이라고 보도하고 있습니다. 피해가 큰 나라들보다는 상대적으로 적은 편이지만 그래도 적지 않은 독감 사망자 수자입니다.

결과적으로 당시 조선인구 1,600만 명 중 740만 명의 환자가 발생해 14만 명이 독감으로 사망했다고 봅니다. 이 스페인독감이 다시 나타나서 유행을 한다고 가정하고, 현재의 위생 상태와 항생제, 백신, 치료제 등 유효약제 등의 보유 상황 등을 고려하지 않고 90년 전 독감사망률을 그냥 단순 대입해 보면 지금 대한민국 인구가 5천만 명이라고 할 때 약 44만 명이 사망한다는 이야기입니다. 90년 전, 한반도에는 항생제도 없었고 치료제도 없었고 백신이라는 것은 당연히 없었습니다. 또한 그 당시엔 위생 상태가 워낙 불량했습니다. 프랭크 스코필드도 극히 불량했던 위생 상태가 질병 전파와 사망자수 증가의 주된 원인으로 작용했다고 추정하고 있습니다.

그러나 다행히도 세상은 바뀌었습니다. 가장 중요한 우리의 생활위생 수준이 과거 90년 전과 감히 비교도 할 수 없을 정도로 향상되었고, 의료 기술 수준이 급속히 발전해서 완벽하지는 않지만 독감치료제들도 있습니다. 독감 사망의 원인이 대부분 폐렴 합병증인데, 이를 치료할 항생제도 언제든지 사용할 수 있습니다. 시간은 좀 걸리지만 유행독감으로 만든 맞춤형 백신도 준비할 수 있습니다. 그러므로 90년 전에 조선인이 당했던 만큼의 인명 피해는 아마 나올 수 없을 것입니다. 그러나 지금의 도시에는 너무나 많은 사람들이 밀집해 있고 상당수의 사람들이 광범위한 거리를 돌아다닙니다. 엄청나게 많은 사람들이 전철, 버스 등으로 출퇴근을 하며 알고 있거나 알지 못하는 많은 사람들과 셀 수 없을 정도로 빈번하게 접촉을 합니다. 이러한 사람들의 생활환경은 인플루엔자 바이러스가 매우 좋아하는 숙주의 생활 조건입니다. 그래서 바이러스 자체의 전염력은 낮더라도 사람들 사이에서의 전염은 과거보다 훨씬 빠르게 나타날 수 있습니다. 전염의 범위와 정도는 얼마나 빨리 제대로 대처하느냐에 달려 있겠지만 말입니다.

전염병 판데믹과 가상의 블레임 바이러스

영화 속의 변종 바이러스

정체불명의 독감 환자 한 명이 단 며칠 만에 도심 전체를 쑥대밭으로 만들고 전 세계가 미지의 전염병을 통제하기 위해 사투를 벌인다는 영화가 개봉된 적이 있습니다. 2009년 2월 개봉된 일본영화 〈블레임 : 인류멸망 2011〉의 내용입니다. 1995년 미국영화 〈아웃브레이크(Outbreak)〉도 이와 비슷하게 전염병의 공포를 소재로 한 영화였습니다. 그 외에도 유명하지 않지만 전염병을 다룬 영화들이 더 있습니다. 이들 영화의 공통점은 독성과 전염력이 매우 강한 신종 바이러스인 미스터리 병원체가 순식간에 사람들을 몰살시킨다는 내용입니다. 하지만 영화에서 그리는 것처럼 단 며칠 만에 전염병 사망자가 수천만 명으로 확산되고 말 그대로 인류 멸망으로 가는 일은 아마도 현대 시대에는 일어날 수가 없을 것입니다. 그만큼 전염력이 강한 병원체도 없을 뿐 아니라 호흡기를 통해 마치 독가스처럼 사람을 몰살시키는 병원체도 없기 때문입니다. 일반적으로 독성이 매우 강한 신종 바이러스는 전염 확산에 있어서 매우 제한되어 있습니다. 왜냐하면 자신들이 살아갈 터전인 숙주를 단 며칠 만에 죽이고는 자신들도 오래 살지 못하기 때문입니다. 아프리카에서 가끔씩 뉴스를 장식하는 에볼라 발생이 대표적인 사례입니다. 너무나 치명적이기에 널리 전파가 되지 못하기 때문입니다.

1998년 말레이시아에서 니파 뇌염이 발생했을 때도 그랬습니다. 이 병은 250여 명이 걸려 100여 명이 사망했던 끔찍한 전염병입니다. 하지만 니파 뇌염은 1998년 3월 말레이시아 전체를 공포에 몰아넣고 계엄령까지 선포되었지만 몇 달이 지나지 않아서 홀연히 사람들 앞에서 사라져 버렸습니다. 게다가 이런 치명적인 바이러스는 발병 즉시 발각이 되기 때문에 방역 당국이나 국제 보건 기구들이 유행을 차단하기 위해 긴급 통제 및 방역 조치에 들어가게 됩니다. 이런 점에서 잠복기가 길고 쉽게 발각되지 않는 유형의 신종 전염병인 후천성 면역결핍증과는 다릅니다.

아무튼 일본영화 〈블레임: 인류멸망 2011〉에 나오는 가상의 '블레임 바이러스'는 2002년 중국 남부 광둥 성에서 출현한 사스 바이러스를 모델로 한 것입니다. 블레임 바이러스가 박쥐에서 왔다는 설정, 독감 증세라든가 호흡기를 통한 전염이라는 부분들이 사스 바이러스와 같습니다. 단 전염속도나 바이러스 독성만 다르게 설정되어 있습니다. 그러나 사스 전염병의 경우 2003년 사스 대유행의 기미가 나타나고 곳곳에서

이에 대응하는 경고방송을 들은 지 불과 수개월 만에 니파 뇌염처럼 사람들 앞에서 바람과 같이 사라져 버렸습니다. 인류 집단이 신종 전염병에 그렇게 허무하게 무너지도록 가만 놔두지 않고 모두가 합심해서 적극 대처하기 때문에 그렇습니다.

현실의 판데믹

스페인독감의 경우 전염력이 엄청나게 빠르고 인명 피해 또한 매우 컸습니다. 아마도 영화에 나오는 블레임 바이러스에 가장 근접한 현실 속의 바이러스가 아닐까 싶습니다. 그러나 스페인독감 역시 인명피해는 컸지만 독감바이러스의 전성기는 불과 수개월이었습니다. 당시 상황에 대하여 비교적 잘 기록되어 있는 유럽이나 미국 주요 도시의 독감 사망률 상황을 보면 가을철 독감이 대유행하여 사망자가 속출하는 기간이 채 두 달을 넘기지 못했습니다. 1918년 가을철 내내 거의 모든 대도시에서 스페인독감이 대유행했지만 각각의 도시에서는 매우 짧은 기간에 유행이 끝나고 말았습니다. 이것은 너무나 많은 사람이 한꺼번에 스페인독감에 걸린 뒤 이들이 회복되면서 자연스럽게 항체가 형성되었기 때문입니다(감염 일주일이면 생성). 면역력을 확보한 사람이 많아지면 인플루엔자 바이러스가 운신할

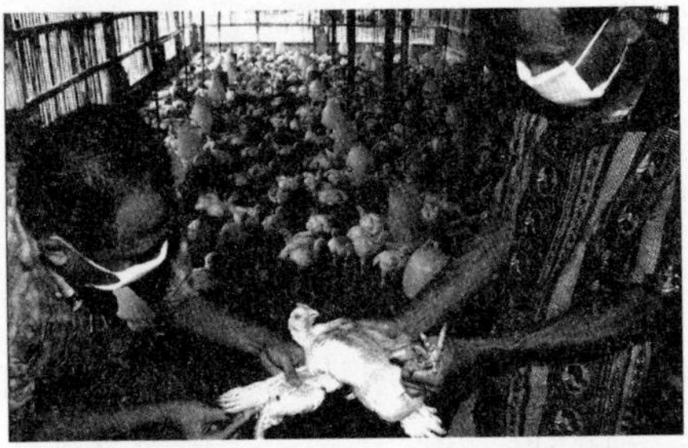
조류독감의 유행. 동남아시아에서 방역 검사를 하는 모습.

수 있는 폭이 줄어들면서 일종의 면역장벽이 생겨나는 것입니다.

닭을 키우는 농장에서 조류독감만큼이나 치명적인 전염병이 뉴캐슬병(Newcastle disease)[4]입니다. 상업적으로 닭을 키우는 농장의 경우 최소한 수만 마리 이상의 닭을 밀집사육합니다. 닭의 뉴캐슬병도 사람독감처럼 호흡기로 전염되는 질병입니다. 그래서 바이러스 입장에서 보면 닭 농장도 대도시 사람집단처럼 살기엔 너무나 좋은 여건을 가지고 있습니다. 그래서 일단 뉴캐슬병이 발생하면 불과 몇 주 만에 농장의 닭이 전멸합니다. 하지만 그렇게 엄청난 독성을 가진 뉴캐슬병도 예방주사를 놓아 면역력을 확보하면 닭들은 이 병에 걸려 죽지 않습니다. 흥미로운 사실은 닭 농장에서 키우는 수만 마리 닭들 중 80퍼센트 이상의 개체가 예방주사에 의해 면역력을 확보하고 있으면 농장 안에서 더 이상 뉴캐슬병이 유행할 수 없다는 것입니다. 앞에서 언급된 것처럼 일종의 면역장벽이 생겨서 나타나는 현상입니다.

이러한 자연적인 저항력에도 불구하고 우리나라를 비롯해서 전 세계로 스페인독감이 순식간에 퍼져 나간 이유는 무엇일까요? 우선 독감이라는 질병 자체가 호흡기를 통해 전염되는 특성을 가진 데 무엇보다 큰 원인이 있습니다.

최근 몇 년간 여름철에 미국에 살인모기가 유행하고 있으니 북미지역을 여행할 때 조심하라는 이야기가 돌았습니다. 웨스트나일 뇌염[5]이

---

4) 뉴캐슬병(Newcastle disease): 닭에서 전염력과 치사율이 높은 악성전염병으로 파라믹소바이러스 계통의 바이러스가 병원체이다. 백신접종을 하지 않은 농장에 전염되면 대부분 2주 이내 90퍼센트 이상이 폐사한다.

5) 웨스트나일 뇌염(West Nile encephalitis): 모기의 흡혈에 의해 사람에서 발병하는 바이러스 전염병으로 일본뇌염과 병원체, 전염경로, 임상증상 등이 매우 유사한 사촌지간에 해당되는 질병이다.

라는 전염병 때문에 나온 말입니다. 이 질병은 1999년 미국 뉴욕에 처음 출현해서 주된 숙주인 철새의 이동으로 몇 년 내에 북미대륙 전역으로 퍼져 나갔던 전염병입니다. 몇 년 전에 최고 절정기의 유행에 비해서는 인명 피해가 훨씬 줄었지만 아직도 이 병에 걸려 죽는 환자가 나오고 있습니다. 그럼에도 불구하고 사람들은 이 전염병이 판데믹으로 진행될 가능성이 있다고 두려워하지 않습니다. 전염되는 수단이 모기라는 매개체에 제한되어 있기 때문입니다. 감염환자로부터 혈액을 수혈 받거나 감염된 사람으로부터 장기를 이식받는다든가 하는 예외적인 경우가 있지만 말입니다. 사실 웨스트나일 뇌염이나 일본뇌염은 병을 옮기는 모기(예를 들면 빨간집모기)에 물리지만 않으면 인명 피해가 나오지 않습니다. 실제로 빨간집모기 집단에서 실제 바이러스를 가지고 있는 모기는 극히 일부입니다. 정확히 말하자면 웨스트나일 뇌염이나 일본뇌염 바이러스를 가진 모기에게 재수 없게 물리지 않으면 괜찮다는 것입니다.

인플루엔자 바이러스가 옮기는 독감의 경우 웨스트나일 뇌염과는 전염 차원에서 전혀 다릅니다. 이 전염병은 사람 호흡기를 통해 사람들 사이에 전염이 이루어지기 때문입니다. 환자가 재채기를 하거나 기침을 해서 침이나 가래가 미세입자로 바로 옆 가까이 있는 다른 사람에 묻어서 전염되는 질병입니다. 인플루엔자 독감이라는 괴물은 그들의 숙주인 사람들이 부대끼고 같이 호흡하는 대도시를 좋아합니다. 인플루엔자 바이러스가 숙주들 사이에서 그 생명을 유지할 수 있는 가장 좋은 여건이기 때문입니다. 멀리 남의 나라 자료를 볼 것 없이, 당장 우리나라에서의 자료를 봐도 쉽게 알 수 있습니다. 1957년 아시아 독감이 유행했을 때 우리나라도 예외가 아니었는데, 당시 약 270만 명의 아시아 독감 환자가 발생했고, 그 중 90퍼센트가 도시에 살고 있던 사람들(특히 서울사람)이었습니다. 그래서 세계 인구의 3분의 1이 스페인독감에 걸렸다면 밀집해서 살아가고 있는 대도시 사람들은 거의 다 독감으로 앓아누웠다고 봐야 할 것입니다.

스페인독감이 유행하던 당시에는 선박과 철도라는 대중교통수단이 발달하기 시작해서 대륙 간 국가 간 인적 이동이 그 이전 과거 어느 때보다 왕성했습니다. 선박이라는 대륙 간 교통수단과 열차라는 국가 간 지역 간 교통수단은 당시 편리함만큼이나 스페인독감이라는 바이러스를 손쉽게 이동시키는 구실을 충실히 했습니다. 독감발생지에서 출발하거나 경유한 선박(군함)이나 열차는 정박하는 항구나 정차하는 도시마다 스페인독감 바이러스를 뿌리고 다녔습니다. 미국이라는 나라에서 시작한 독감이 대서양을 건너온 첫 발생지가 프랑스 브레스트나 아프리카 프리타운이라는 항구도시라는 사실이 선박이라는 거대한 용기가 바이러스를 싣고 다녔다는 것을 잘 뒷받침해 줍니다. 앞에서도 언급한 바와 같이 한반도에 독감을 들여온 것도 열차라는 대중교통 수단입니다. 철도는 사람을 실어 날랐지만 바이러스도 실어 날랐던 것입니다. 또한 지역 간 전파와 확산에서 수많은 젊은 군인들이 집단생활을 하고 전쟁을 위해 대규모로 동시에 지역에서 지역으로 이동한 것도 한 몫을 했을 것입니다. 군 복무를 마치고 돌아간 군인들은 그가 살아갈 사회 집단에 독감 바이러스를 뿌리고 다녔던 것입니다.

오늘날 우리가 살고 있는 세상은 이보다 인적교류가 훨씬 복잡하고 빠르게 진행됩니다. 비행기라는 교통수단을 통해 세계 어디든지 하루 이내에 갈 수 있습니다. 그만큼 대륙 간 국가 간 독감의 전염속도가 사람의 이동속도만큼이나 빨라질 수 있다는 뜻입니다. 그래서 오늘날 호흡기성 신종 바이러스들을 비행기바이러스(airplane virus)라고 말하기도 합니다. 이미 우리는 사스나 신종 플루의 확산과정을 지켜보면서 이러한 변화를 느끼고 있습니다. 그 속도 때문에 신종 전염병에 대한 공포가 생겨나는 것이겠지요.

면역력이 강하면 더 위험하다?

스페인독감의 치명적인 독성

스페인독감의 특징 중 하나는 그 동안 인류에게 출현했던 다른 판데믹 독감에 비해 독성이 너무 강하다는 데 있습니다. 1957년 아시아 독감이나 1968년 홍콩독감의 경우 인구 10만 명당 독감 사망자수가 26-27명이었으나 1918년 스페인독감 때는 독감사망자가 인구 10만 명당 무려 2,777명 정도 됩니다. 다른 판데믹 독감에 비해 무려 100배 이상 사망률이 높았습니다. 스페인독감 사망자는 죽기 직전에 대부분 세균성 폐렴 합병증을 앓았습니다. 최근에 밝혀진 바로는 호흡기 상기도에서 주로 자라는 유행성독감 바이러스와 달리, 스페인독감 바이러스는 호흡기 상기도는 물론 호흡기 하부(폐)까지 침투하는 탁월한 능력을 보였습니다. 이것은 급성호흡곤란증후군을 유발시킬 수 있고, 호흡기 점막 방어체계가 무너져 쉽게 세균성 폐렴으로 발전할 수도 있게 만듭니다.

1957년이나 1968년과는 무엇이 달랐기에 스페인독감은 그토록 많은 인명피해를 가져왔을까요? 우선 무엇보다도 1918년 당시에는 세균을 죽이는 항생제라는 치료제가 없었다는 점을 지적할 수 있습니다. 알렉산더 플레밍이 최초의 항생제인 페니실린을 푸른곰팡이에서 발견한 것이 이로부터 십 년이 지난 1928년입니다. 그래서 그 당시에는 수술을 한다거나 피부에 상처가 생기면 석탄산과 같은 소독제로 상처 부위를 소독하는 것 이외에 다른 방법이 없었습니다. 몸 안으로 파고 들어가 곪아 버리면 대책이 없었던 것입니다. 그러므로 그 당시 세균성 폐렴을 앓게 되면 치료할 방법이 없이 다만 살아남기만을 바랐을 것입니다. 스페인독감 유행 당시 대부분의 사망자가 2차 세균 합병증으로 사망했다는 것이 이를 말해줍니다. 1918년 당시 세균성 폐렴만 치료할 수 있었어도 그렇게까지 치명적으로 높은 사망률을 나타내지 않았을 것입니다.

스페인독감에서 특이한 점은 젊은 층에서 사망자가 속출했다는 것입니다. 1957년 아시아독감이나 1968년 홍콩독감에서는 찾아보기 힘든 현상이었습니다. 일반적으로 다른 판데믹 독감의 경우 유행성 독감처럼 연령별 U자 형태의 독감 사망률을 보였습니다. 쉽게 말해서 면역력이 취약한 소아와 노인들에서 사망률이 매우 높고 그 사이에 있는 청장년층 그룹에서는 사망률이 매우 낮았다는 것입니다. 그런데 1918년 스페인독감의 경우 젊은 층에서의 독감 사망률이 다른 판데믹보다 무려 20배 이상 높았습니다. 당시 이들 젊은 층이 총인구에서 차지하는 비율(전체 인구의 90퍼센트 이상)이 절대적이었는데 65세 이상 고령층 사망자수는 전체 독감 사망자의 5퍼센트밖에 되지 않았습니다. 결론적으로 젊은 층에서의 사망자수가 많아진 것이 전체 사망자수를 엄청나게 증가시킨 직접적인 원인이 되었던 것입니다.

기본적인 면역학적 상식으로 말하자면, 면역력이 좋을수록 세균에 대항하는 힘이 훨씬 강하기 마련입니다. 그런데 스페인독감의 경우 면역력이 약한 사람들보다는 오히려 면역력이 왕성한 젊은이들에서 사망자가 속출했습니다. 그러므로 면역력이 강한 젊고 건장한 층에서 사망자 수가 엄청났다고 말하는 것은 폐렴을 치료할 항생제가 없었다는 이유만으로 설명하기에는 다소 설득력이 없어 보입니다. 스페인독감 환자 중에는 증상을 보인 후 며칠 이내 급사하는 급성호흡곤란증후군 소견을 보이는 사망자가 상당수 관찰되었습니다. 이것은 세균성 폐렴으로는 설명할 수 없는 부분입니다. 이것은 근본적으로 인플루엔자 바이러스 자체가 독성이 강했다는 것을 입증해 줍니다. 그렇다면 스페인독감을 일으킨 인플루엔자 바이러스의 치명적인 독성은 어디에서 어떻게 나오는 것일까요?

사이토카인 폭풍

스페인독감 바이러스가 가진 독성은 호흡기 상기도뿐만 아니라 사람의 폐에까지 퍼져 내려가 격렬하게 증식할 수 있는 능력과 어느 정도 관련됩니다. 생쥐에서 실험한 바에 의하면 스페인독감 바이러스는 일반 유행성독감과 달리 생쥐를 빠르게 사망시켰고, 생쥐의 폐조직을 검사했을 때 감염시킨 지 단 4일 만에 일반 유행성독감보다 무려 39,000배 이상 증식된 바이러스가 관찰되었습니다. 새로운 숙주인 생쥐에게 넘어 온 스페인독감 바이러스가 살아남기 위하여 왕성하게 증식했고 그로 인해 새로운 삶의 터전인 숙주를 죽음으로 내몰았던 것입니다. 1918년 수많은 사람 독감 환자들이 사망했던 것처럼 말입니다.

과도한 바이러스 증식은 면역체계에 혼란을 초래해서 숙주 자신을 공격하는 부작용을 유발합니다. 이러한 면역 부작용 현상은 새로운 숙주를 찾아 넘어 온 신종 전염병에서 자주 관찰되는 현상으로 1998년 말레이시아에서 발생한 치명적인 니파 뇌염(치사율 40퍼센트)에서도, 2003년 중국에서 출현한 사스에서도 관찰된 현상입니다. 전문가들은 그것을 사이토카인 폭풍(cytokine storm)이라 부릅니다. 이 사이토카인 폭풍이론은 1993년 미시간대학 암센터 제임스 페라라가 이식편대숙주 질병(GVHD)[6]을 설명하면서 처음 사용한 용어입니다. 이 현상은 스페인독감뿐만 아니라 조류독감에서도 생쥐나 족제비 실험을 통해 입증된 바 있습니다.

전문 분야가 아닌 독자들에게는 조금 어려운 부분이지만 스페인독감의 독성을 이해하기 위해 필요한 정보이므로 간략하게 사이토카인 폭풍 이론에 대해 설명을 하겠습니다. 외부 병원체가 몸 안에 침투하여 들어올 때, 숙주는 여러 가지 방법을 동원하여 침투한 병원체에 대항하여 싸웁니다. 숙주는 침투한 병원체를 폭파시켜 직접 죽이기도 하고, 죽이지는 못하더라도 병원체가 독성을 발휘하지 못하도록 하기도 하고,

6) 이식편대숙주질병(Graft versus Host Disease): 일종의 골수이식의 합병증.

병원체가 감염된 세포를 아예 먹어 치우는 방법을 동원하기도 합니다. 이렇게 숙주가 동원되는 여러 가지 방어 방법을 우리는 '면역체계'라고 부릅니다. 만약 이러한 면역체계가 없다면 숙주는 지구상에 존재할 수가 없습니다. 공기 중에도 수많은 세균, 곰팡이 등등 각종 병원체들이 날아다니고 우리가 먹는 물에서도 세균들이 득실거립니다. 그럼에도 우리가 매우 건강하게 살아가는 이유는 이러한 면역체계가 있기 때문입니다. 조물주가 만든 생명체를 보면 절로 경외심이 듭니다.

병원체의 침입 과정에서 숙주는 매크로파지나 NK세포 같은 면역세포들을 잔뜩 불러들이게 되는데, 이들 세포들은 몸이 제대로 된 전투태세(면역체계)를 갖추기 전에 외부침입 병원체를 해체시키거나 병원체가 감염된 세포를 죽이는 특공대 역할을 수행합니다. 면역세포들이 외부침입병원체를 격퇴하는 과정에서 고열과 염증 반응을 유발하게 됩니다. 고열이 발생하는 것도 매크로파지 세포에서 분비되는 물질 중 하나인 인터루킨-1이라는 물질이 체온조절 중추를 자극해서 나타나는 현상입니다. 감염 부위 조직에서 염증이 생기는 것도 면역세포(매크로파지)가 병원균과 치열하게 싸운 승리의 흔적입니다.

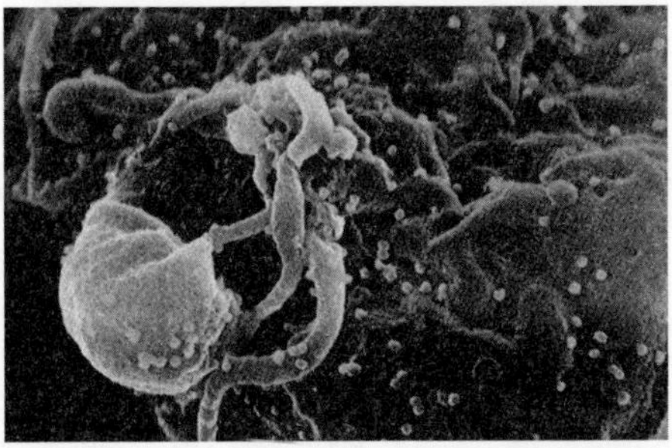
면역세포를 공격하는 에이즈 바이러스. 면역 세포는 평소에 제 몫을 다 하지만 면역계만 공격하는 에이즈 앞에서 무력해지기도 하고 사이토카인 폭풍 때는 지나치게 불어나 오히려 생명에 위험을 가져오기도 한다.

면역체계가 가동되는 과정 중에서 사이토카인이라는 면역물질이 분비됩니다.

이 면역물질은 외부 병원체가 침입했을 때 초기에 외부 병원체와 싸우기 위해 출동하는 여러 면역세포들에서 분비됩니다. 예를 들면 매크로파지[7), NK세포[8), T세포[9) 등이 사이토카인을 분비하는 대표적인 면역세포입니다. 면역세포에서 분비된 사이토카인은 병원체 감염 초기에 매우 중요한 기능을 수행합니다. 사이토카인은 다른 면역세포들을 자극시켜서 이들 세포들의 숫자를 늘리라고 분열 증식을 촉구하기도 하고, 외부 병원체 감염으로부터 생체를 방어할 수 있는 여러 가지 단백질(예를 들면, 항체나 인터페론)을 보다 많이 만들도록 신호를 보내기도 하고, 당장 병원체와 싸우는 데 급하지 않은 단백질은 너무 많이 만들지 말라고 신호를 보내기도 합니다. 다시 말해 사이토카인이라는 면역물질은 축구경기로 치면 완급조절을 지시하는 감독 역할을 수행한다고 보면 됩니다. 사이토카인은 감염 상황에 따라 분비량이 조절되고 필요하다면 2차 면역체계 즉 침입한 병원체에만 집중적으로 대항하는 특수부대인 T세포와 B세포[10) 면역반응을 가동시킵니다.

사이토카인 폭풍은 감염 초기 병원체가 특정 조직에서 너무 과도하게 증식해 버리는 경우와 같은 비정상적인 상황에서 자주 발생합니다. 면역세포는 외부침입 병원체를 제거하기 위해 사이토카인을 과도하게 분비하게 되고 숙주 면역체계의 피드백(feedback) 시스템을 통제하지

---

7) 매크로파지(macrophage): 비정상적 세포(죽은 세포 등)를 먹어 치우는 청소부 세포. 이물항원을 표면에 드러내어 다른 면역세포(B, T세포)가 이물질을 인식하도록 함.

8) NK(natural killer): 몸에 해가 되는 세포(예, 암세포)를 인식하여 죽이는 저격수 세포.

9) T 세포(T cell): 사이토카인을 분비하는 Th세포, Th세포의 신호를 받아 감염세포를 처리하는 Tc세포, 그리고 이들 Th와 Tc 세포의 과잉 활성을 억누르는 Ts세포 등 3종류의 T세포가 있다.

10) B 세포: 항체를 만드는 세포로 혈중에 돌아다니는 병원체(바이러스)만 전문적으로 요격하는 전투기 세포.

못하는 상황으로 몰고 갑니다. 그래서 과도하게 면역세포들이 감염부위에 몰려 들고 이들 면역세포들이 감염 세포들을 무차별로 마구 죽이게 됩니다. 이것은 오히려 숙주 장기 조직의 고유기능을 망가뜨리는 부작용으로 작용합니다. 이것이 사이토카인 폭풍 이론입니다. 만약 이런 현상이 폐 조직에서 일어난다면 면역세포들이 감염된 폐세포들을 무차별로 죽이게 되고 그 휴유증으로 출혈, 염증, 체액 등이 폐 속에 가득 차는 부작용 현상이 벌어지는 것입니다. 그래서 결국 숙주는 숨을 쉬지 못해 질식사로 이어집니다.

사이토카인 폭풍 이론이 어떻게 스페인독감 유행 당시의 높은 젊은 층 사망률을 설명할 수 있을까요? 소아의 경우 면역기능이 아직 발달하는 미성숙 단계이고, 노인의 경우 면역 기능이 점점 쇠퇴하는 시기입니다. 쉽게 말해 외부 병원체에 대처하는 면역반응이 강하지 않다는 것입니다. 반면에 젊고 건강한 사람들은 강력한 면역체계를 가지고 있고, 외부병원체에 대처하여 강하게 면역 반응을 나타냅니다. 다시 말해 외부 병원체가 침입하면 언제든지 자신 있게 격퇴할 만반의 준비가 되어 있는 것입니다. 그래서 젊은 층은 대부분의 질병을 이길 만한 강한 저항력을 갖추게 됩니다. 문제는 면역 반응이 너무 왕성하다 보니까 위에서 말한 사이토카인 통제능력을 쉽게 상실한다는 데 있습니다. 그래서 사이토카인 폭풍이 일어나더라도 젊은 층에서 보다 더 쉽게 일어나는 것입니다.

스페인독감의 뿌리를 찾아서

기원을 찾으려는 노력

스페인독감의 기원을 밝히려는 노력은 1990년대 들어서 분자유전학적 기법이 급속하게 발전되면서 시작되었습니다. 1995년 포르말린 조직표본에서 RNA핵산을 추출해서 증폭시키는 첨단기술이 개발된 것이 결정적인 계기입니다. 이 기술이 개발되자 미국 국립보건원의 제프리 토벤버거는 이 첨단기술을 이용해서 미군 병리연구소 조직보관실에 보관되어 있던, 스페인독감으로 사망한 군인들의 파라핀 조직 표본을 조사해 보기로 했습니다. 토벤버거는 매우 운이 좋게도 두 명의 군인 사망자의 조직샘플에서 인플루엔자 바이러스 핵산을 증폭시킬 수 있었습니다. 이들 군인들은 1918년 9월에 뉴욕과 사우스 캐롤라이나에서 사망했던 군인(각 30,21세)의 폐 조직이었습니다. 토벤버거는 이 성과로 스페인독감을 일으킨 인플루엔자 바이러스가 H1N1 아형이라는 사실을 처음으로 증명해 냅니다. 그 이후 나머지 7개 인플루엔자 바이러스 유전자들은 알래스카 냉동여인의 폐 조직 시료를 사용해서 유전자 염기서열 정보가 해독되었습니다.

토벤버거는 해독된 유전자 계통분석 결과를 발표했습니다. 그는 스페인독감 바이러스의 유전적 기원에 대해 이 바이러스는 알려지지 않은 어떤 조류의 바이러스가 넘어온 것이며, 이 조류 바이러스는 1918년 또는 최소한 그 직전에 중간숙주에서 다른 인플루엔자 바이러스와 재조합 과정을 거치지 않고 조류에서 사람으로 바로 넘어왔다고 주장했습니다. 이 역사적인 연구 결과는 많은 언론과 전문지 등을 통해 집중 조명을 받았고, 토벤버거는 이 성과로 순식간에 각광받는 인플루엔자 전문가로 떠올랐습니다.

제프리 토벤버거의 연구결과가 발표되자마자 즉각 스페인독감 인플루엔자 바이러스의 기원 분석 결과에 대한 논란이 이어졌습니다. 호주의 마크 깁스는 「네이처」지를 통해 제프리 토벤버거의 추론적 결론은 잘못되었으며, 오히려 스페인독감 바이러스는 1918년 판데믹이 일어나기 전에 포유동물에 넘어와 중간숙주 매개과정을 거쳤고, 제프리 토벤버거의 결론과 달리 여러 바이러스가 뒤섞인 재조합바이러스라고 반박했습니다. 그는 마찬가지로 계통분석을 근거로 스페인독감 바이러스는 포유동물(사람, 돼지 등)에 적응된 바이러스의 원조에 해당하는 것이 타당하다고 주장합니다.

또 다른 측면에서 보자면 1918-1919년 당시 연령별 사망률 상황을 보면, 고연령에서의 독감 사망률이 다른 판데믹 독감의 고연령층 사망률에 비해 상대적으로 낮았습니다. 이것은 스페인독감의 독성이 매우 강하다는 사실에 비추어 볼 때 약간 미스터리한 부분일 수 있습니다. 하지만 당시 고연령의 사람들 중 상당수가 어릴 적 스페인독감과 유사한 바이러스에 걸려 면역(항체)이 형성되어 있었다는, 즉 다시 말해서 1800년대 중반 이전에 이미 스페인독감 바이러스와 유사한 바이러스가 사람들 사이에 유행했을지도 모른다고 추측할 수도 있습니다.

이와 비슷한 맥락으로 최근 위스콘신 대학의 요시히로 가와오카가 주도하는 연구팀이 매우 흥미로운 결과를 발표했습니다. 1918년 이전에 태어나 스페인독감을 겪었던 고령의 사람들이 신종 플루 바이러스와 반응하는 항체들을 보유하고 있다는 사실입니다. 아마 우리나라도 1918년 당시 스페인독감이 유행하였으므로 90세 이상 노인들을 대상으로 피 검사를 해보면 항체를 가지신 분들이 있을 것입니다. 이토 야스시의 연구 결과에서 1918년 이전 출생자들이 보유하고 있는 항체역가 수준을 비교해 보았을 때 신종 플루 바이러스에 반응하는 항체역가(4이하에서 250)는 스페인독감 바이러스에 반응하는 항체역가(320에서 2560이상)에 비해 훨씬 낮았습니다. 쉽게 말해 신종 플루 바이러스는 1918년 이전에 태어난 사람혈청(스페인독감 항체)과 반응은 하는데 매우 약하게 반응한다는 말입니다. 보다 쉽게 말하면 2009신종 플루 바이러스가 1918스페인독감 바이러스와 대충 비슷한 껍질을 가지고 있다는 의미입니다. 이는 1918년 이전에 태어난 고령의 사람들 중 이들 항체를 가진 사람들은 교차반응 수준이 낮아 얼마나 견고하게 면역력을 발휘할지 알 수 없지만 신종 플루에 대한 면역력 자체는 어느 정도 가질 수 있다는 것을 말해줍니다.

최근 가빈 스미스는 지금까지 알려진 조류, 돼지, 사람 등의 인플루엔자 바이러스를 분석하여 바이러스가 진화하는 속도를 분석하여 발표하였습니다. 스페인독감 바이러스 유전자 8개 중 최소한 1개 이상은 1911년 이전에 이미 포유동물에 존재하고 있었고, 또 다른 유전자는 19세기에 이미 사람들 사이에서 유행하던 바이러스의 유전자일 것이라고 말입니다. 이것은 근본적으로 제프리 토벤버거의 주장을 완전히 뒤엎는 것으로, 스페인독감이 기본적으로 재조합 바이러스라는 것을 의미합니다. 그들은 조류에서 바로 넘어온 것이 아니고 포유동물을 거쳐서 사람에게 온 것이라고 주장합니다. 제프리 토벤버거와 논쟁을 벌였던 호주의 깁스의 주장을 뒷받침해주는 내용입니다. 세상에서 절대적인 진리는 없는 법입니다. 과학이라는 것은 진리를 탐구하는 것입니다. 어느 주장이 맞을지는 좀 더 지켜봐야 정확한 결론이 날 것으로 보입니다.

믹서기 동물을 거쳐 강력한 바이러스로

아무튼 이것과 비슷한 논리가 1957 아시아독감이나 1968 홍콩독감에서도 성립됩니다. 요시히로 가와오카가 주장한 바와 같이 1957 아시아독감과 1968 홍콩독감은 기본적으로 사람과 조류의 바이러스들이 서로 뒤섞인 재조합 바이러스입니다. 이 독감 바이러스들도 1918 스페인독감 바이러스와 마찬가지로 어떻게 만들어졌는지 아직까지 완전하게 밝혀내지를 못했습니다. 가장 가능성 있고 설득력 있는 추측은 조류 바이러스와 사람 바이러스가 사람에서 재조합되었든지, 아니면 돼지와 같은 포유동물에서 뒤섞여 만들어진 다음 사람에게 왔다는 것입니다. 다시 말해 조류바이러스가 포유동물을 거쳐서 사람으로 넘어갔다는 이야기입니다. 우리는 이렇게 중간에 낀 포유동물을 각종 바이러스들을 버무려 재조합한다고 하여 '믹서기(mixing vessel)' 동물이라고 부릅니다.

가장 근본적인 질문으로 들어가서 종간 장벽(species barrier)을 허물고 조류바이러스가 야생조류에서 사람으로 직접 넘어올 수 있을까요? 기본적으로 알아야 할 것은 이들 숙주들 간에 종간 장벽이 워낙 견고해서 조류바이러스가 사람으로 바로 넘어오는 것은 매우 힘들다는 것입니다. 그래서 돼지 같은 포유류동물에서 중간숙주 과정을 거쳐서 사람으로 넘어오는 것이 훨씬 수월합니다. 그런 면에서 보면 제프리 토벤버거의 이론은 분명 논란의 여지가 있어 보입니다. 그러나 최근 발생한 사람에서 간헐적으로 발생하는 조류독감 H5N1 사례를 보면 비록 사람 간 전염이 되지 않은 점은 있지만 분명 조류 바이러스가 사람에 직접 넘어온 대표적인 사례도 있기는 합니다. 이 조류독감 바이러스는 포유류 바이러스의 유전자가 하나도 섞이지 않은 순수한 조류 바이러스입니다. 그렇지만 사실 이 바이러스도 야생조류에서 곧바로 사람으로 넘어온 것이 아니라 어떤 조류에서 재조합 과정을 거쳐 닭을 통해 사람으로 넘어왔습니다.

과연 그러면 스페인독감 바이러스가 어떤 야생조류 종에서 넘어왔을까요? 만일 그 바이러스가 조류에서 넘어왔다면 그 바이러스가 야생 조류 어디에선가 돌아다녔다는 뜻일 것입니다. 그래서 토마스 패닝은 1910년대 당시에 야생조류가 가지고 있는 인플루엔자 바이러스들을 찾아내기 위해서 워싱턴 DC에 소재한 스미스소니언 연구소에 보관되어 있는 수천 점의 조류 표본을 조사했습니다. 그는 엄청난 조류 표본들 중에서 우선 인플루엔자 바이러스가 있을 가능성이 있는 샘플을 골라냈습니다.

인플루엔자의 자연숙주는 익히 알려진 바와 같이 물새 특히 오리나 기러기류입니다. 인플루엔자 바이러스는 이들 자연숙주의 장에서 잘 증식합니다. 그러한 특성 때문에 야생조류에서의 새들 간 전염은 사람과 달리 분변을 먹어서 전염되는 사이클을 가지고 있습니다. 그래서 물에서 서식하는 이들 물새들이 자연숙주로선 가장 안성맞춤인 것입니다. 조류인플루엔자 바이러스가 새들이 집단으로 몰려다니면서 물놀이를 즐기는 사이에 전염이 잘 이루어지는 좋은 여건을 가지고 있기 때문입니다.

야생조류에서의 인플루엔자 바이러스 분포 조사를 하는 경우 지금도 야생조류가 배설한 분변이나 장 내용물을 검사하는 것이 일반적인 조사 방법입니다. 토마스 패닝도 자연숙주의 특징을 고려해서 야생 물새류들을 우선적으로 선발해서 조사했습니다. 그는 야생 물새류 표본으로부터 조심스레 장 내용물이나 분변 내용물을 발라내어 수천 개 조류 표본 중에 16개 조류 종의 25개 샘플을 검사했습니다. 그중에서 1916년 미국 유타 주에서 서식하던 야생오리 3종과 1917년 알래스카 기러기 1마리에서 조류 바이러스가 검출되었습니다. HA 유전자의 계통분석을 실시했을 때 알래스카 기러기 바이러스는 현재 북미지역 야생조류들 사이에서 돌아다니는 바이러스와 같은 바이러스로 이들 바이러스들과 유전적으로 거의 차이가 없었습니다. 이것은 자연숙주와의 공생관계에서 나타나는 전형적인 특징으로, 숙주의 면역체계를 회피할 필요가 생기지 않기 때문에 바이러스 변이가 거의 일어나지 않는 것입니다.

1918년 당시 알래스카에서도 스페인독감이 크게 유행하였습니다. 그러나 기러기가 가지고 있던 바이러스는 그 시기에 사람에게서 돌아다닌 스페인독감 바이러스와는 바이러스 족보 계통이 완전히 달랐습니다. 이것은 무엇을 의미할까요? 이들 야생 오리나 야생 기러기류들 사이에서 돌아다니는 바이러스가 사람에게로 넘어온 것이 아니라는 것입니다. 그래서 스페인독감 바이러스가 야생조류에서 넘어왔다고 가정을 한다면, 다른 조류 종에서 바이러스가 사람으로 넘어왔다고 보아야 합니다. 만일 조류에서 바로 사람으로 넘어온 것이라면 그 조류 종은 분명 종간 장벽을 쉽게 넘을 수 있는 사람과 유사한 바이러스 수용체 구조를 가질 가능성이 높습니다.

현재로서는 90년 전에 있었던 조류 바이러스를 찾는다는 것은 분명 쉬운 일은 아닙니다. 그러함에도 불구하고 그 조류 종을 찾을 수 있다면 매우 획기적인 일이 될 것입니다. 스페인독감 바이러스를 옮겼던 그 야생조류 종이 지구 어딘가에서 확인된다면, 그 야생조류 종이 아직도 그 바이러스를 보유하고 있을 가능성도 배제할 수 없습니다. 왜냐하면 그 조류 종은 스페인독감 바이러스의 자연숙주이기 때문입니다. 위에서도 언급했지만 자연숙주에서는 바이러스 변이가 크게 일어나지 않습니다. 바이러스가 그 상태로 머물러 있다면, 그래서 인간이 1918년과 같은 어떤 접촉경로를 가지게 된다면, 그 바이러스가 다시 사람에게로 넘어올 위험성을 내포하고 있는 것입니다. 그러므로 그 조류 종을 찾아내어 바이러스의 자연숙주를 찾아 증명하는 것은 현 시점에서도 매우 중요한 일입니다. 왜냐하면 그런 가능성을 준비하고 사람이 노출되는 경로를 최대한 차단해야 하기 때문이다.

현재 많은 연구자들이 세계 곳곳에서 다양한 야생조류 종들이 가지고 있는 인플루엔자 바이러스를 분리하고 또 그 바이러스를 분석하고 있습니다. 그럼에도 불구하고 아직도 스페인독감 바이러스의 흔적조차 찾지 못하고 있습니다. 1918년의 바이러스는 조류에서 유래한 것이 맞는가? 도대체 어디에서 왔는가? 그 답은 아직도 해결해야 할 미스터리로 남아 있습니다.

아직도 남은 숙제

스페인독감의 사례에서 배워야 할 것과 풀어야 할 과제

지금까지의 눈부신 연구 성과에도 불구하고 스페인독감에 대한 많은 의문점들이 남아 있습니다. 이러한 미스터리를 풀어 헤친다는 것은 우리가 앞으로 만나게 될지 모르는 독성이 강한 판데믹을 대비하는 데 중요한 단서를 제공할 것입니다.

다만 현재까지 밝혀진 스페인독감에 대한 성과는 구체적으로 말하자면 1918년 가을에 나타난 엄청난 독성의 바이러스에 관한 것입니다. 분석된 바이러스도 1918년 11월 알래스카 독감 사망자의 것입니다. 불행하게도 우리는 아직도 1918년 봄에 출현한 바이러스의 정체에 대해 정확하게 알지 못합니다. 그리고 1918년 여름에 독감 바이러스에서 무슨 일이 일어났는지 제대로 알지 못합니다. 단지 그해 봄에 나타난 바이러스에 변이가 일어났고, 그래서 독성이 증가한 바이러스가 가을에 출현했을 것이라고 추측만 할 뿐 아직도 그 해답을 아직도 찾지 못하고 있습니다. 그 답을 찾기 위해서는 1918년 봄에 유행한 바이러스가 있어야 하고 그 바이러스를 가을철 바이러스와 분석해서 무엇이 문제가 되었는지 비교해 봐야 합니다. 그러나 현재까지 봄철 바이러스의 흔적조차 찾지 못하고 있습니다.

1918년 봄에 독감을 한번 앓았던 사람들이 가을 대유행기 때 멀쩡했다는 사실에서 어느 정도의 힌트가 보입니다. 봄철 독감 바이러스가 항원변이가 일어났어도 가을철 독감 바이러스와 같은 H1N1이고, 기본적으로 바이러스 껍데기(HA단백질) 자체는 봄이나 가을이나 바뀌지 않았다는 것을 말해주는 것입니다. 뒤집어서 말하자면, 바이러스 껍데기가 완전히 다른 것으로 바뀌는 항원 대변이[11]가 일어난 것이 아니라 바이러스 자체가 사람 간 전염이 잘 되고 사람에서 독성이 강하게 만드는 성질로 변하는 과정 즉 항원 소변이[12]가 일어났음을 의미합니다. 이 과정은 어떻게 일어났을까요? 사람들 사이에서 바이러스가 돌아다니면서 사람에서 적응이 잘되는 방향으로 점진적으로 작은 변이들이 일어나서 특정 시점에 갑자기 독성까지 변했을 수도 있습니다. 혹은 이 과정이 다른 포유동물을 통해서 일어났을 수도 있습니다. 당시 돼지에서도 이 바이러스가 돌아다니고 있었습니다. 돼지라는 동물은 사람과 접촉이

---

11) 항원 대변이(antigenic shift): 두 가지 이상의 인플루엔자 바이러스 사이에 유전자 교환이 일어나서 여러 유전자가 재조합된 변이 상태. 이것은 신종 바이러스 출현의 토대가 된다.

12) 항원 소변이(antigenic drift): 인플루엔자 바이러스의 유전자 중 일부분이 복제과정에서 기존 염기서열과 달라지는 유전적 변이 상태. 이것은 변종 바이러스 출현의 토대가 된다.

많은 가축이기 때문에 아마도 사람바이러스가 돼지에 옮겨가고 돼지에서 사람으로 옮겨가는 순환 고리를 통해 재수 없게도 그러한 변이가 일어났을 수도 있습니다. 사람에서 돼지로 옮긴 사례도 있고, 돼지에서 사람으로 옮겨진 사례들도 있습니다. 그러므로 그러한 연결고리는 충분히 가능성이 있습니다. 그러나 아직도 우리는 그것에 대해 아는 바가 없습니다.

또한 스페인독감 바이러스에 대한 이러한 의문점도 있습니다. 만약 항원변이가 일어났다면 어느 유전자 부위에서 어떻게 일어났을까?

현재까지 알려진 바로는 인플루엔자 바이러스의 유전자에서 독성과 관련된 후보가 여럿 있습니다. 그래서 봄철 바이러스가 독성이 변해서 가을철 바이러스로 변했다면, 그 부위가 이들 바이러스 단백질 중 하나일 수도 있고, 여러 바이러스 단백질에서 동시에 변화가 일어났을 수도 있었을 것입니다. 여러 가지 연구가 계속되고 있지만 현재까지는 신만이 아는 사실입니다.

또 다른 판데믹을 막기 위하여

제프리 토벤버거는 스페인독감에 대한 많은 미스터리들의 중요한 실마리를 풀어 줄 프로젝트를 진행하고 있습니다. 20세기 초 왕립런던병원에 보관되어 있는 고고학 조직 표본 시료들을 조사하는 것입니다. 그의 프로젝트가 성공적으로 끝나게 되면 1918년 이전에 사람에서 유행한 독감바이러스 아형이 어떠한지, 1918년 판데믹 기간 동안 처음 출현

후 항원 소변이가 어떻게 진행되어 왔는지, 1918년 이전 사람바이러스 유전자가 스페인독감 바이러스 유전자가 어떻게 섞여 있는지에 대한 단서를 어느 정도 제공해 줄 것입니다. 스페인독감의 베일은 여전히 하나씩 벗겨지고 있습니다. 아주 서서히 말입니다.

현재까지는 신종 플루로 인한 사망률이 오히려 일반 유행성독감보다도 낮다고 합니다. 그러나 생쥐, 족제비, 원숭이 등과 같은 실험동물을 대상으로 조사했을 때 신종 플루가 유행성독감보다 오히려 독성이 강하다는 최근 연구 결과가 보고되었습니다. 물론 실험동물에서의 독성이 사람에서의 독성을 완전히 대변한다고 말할 수 없습니다. 그렇지만 그 결과가 가지는 의미는 신중하게 받아들여야 할 것 같습니다.

세계적인 전문가들도 언제 어떻게 이 바이러스가 포유동물과 사람 사이에, 또는 사람과 사람 사이에 왔다 갔다 하다가 독성이 훨씬 강한 신종 플루로 둔갑할지 우려하고 있습니다. 이것은 1918년 스페인독감이라는 과거의 경험에서 나온 두려움입니다. 스페인독감이 어떻게 독성이 변했는지를 파헤쳐서 알아내야 하는 이유는 우리가 부닥친 신종 플루와 같은 우려스러운 현실을 현명하게 대처해 나가는 데 훌륭한 정보제공자 역할을 하기 때문입니다.

스페인독감이 재출현할 가능성은 있는가? 재출현 가능성은 지구상 어딘가에 이 바이러스가 존재하고 있어야 한다는 전제조건이 필요합니다. 지금 현재에도 많은 연구자들이 세계 곳곳에서 야생조류 종들을 대상으로 야생조류 바이러스들을 분석하고 있습니다. 그러한 노력에도 불구하고 스페인독감 바이러스를 어떤 조류 종에서도 찾아 내지 못하고 있습니다. 스미스소니언 박물관 조류 표본을 검사했을 때 야생 물새를 대상으로 조사했습니다. 과거나 현재나 인플루엔자 분포 조사는 이들 물새들에 대부분 집중되어 있습니다. 그러나 지금까지 밝혀진 바로는 13목 90종 이상의 조류 종들이 조류 인플루엔자의 자연숙주 또는 숙주 가능성이 있는 것으로 알려져 있습니다. 앞으로 보다 많고 다양한 조류 종을 조사하면 조사할수록 숙주 범위는 더욱더 확대될 것입니다. 어쩌면 스페인독감의 자연숙주가 야생 물새류가 아닌 우리가 모르는 다른 조류 종일지도 모릅니다. 혹은 스페인독감 바이러스를 사람으로 옮겼을 것으로 추정되는 그 조류종 자체가 이미 지구상에서 멸종하고 없는지도 모릅니다. 아니면 그 바이러스가 어떤 야생 조류 종들 사이에서 인류에게 전혀 노출되지 않은 채 아직도 숨어 지내며 호시탐탐 사람과 대면할 결정적인 어떤 기회를 노리고 있는지도 모릅니다. 이를 밝히는 것 또한 과학자들에게 남겨진 숙제입니다.

제 2 장

조류독감부터 신종 플루까지

변신의 귀재 인플루엔자

"모름지기 연구자라면 내가 무슨 일을 하고 있는지 왜 그것이 중요한지를
옆집 할머니에게조차도 자신 있게, 그리고 알아듣기 쉽게 설명할 수 있어야 한다."
가능하면 쉽게 설명하는 이 내용이 신종 전염병에 대한 일반인들의 근거 없는 두려움과
미신을 없애는 데 도움이 되기를 바랍니다.

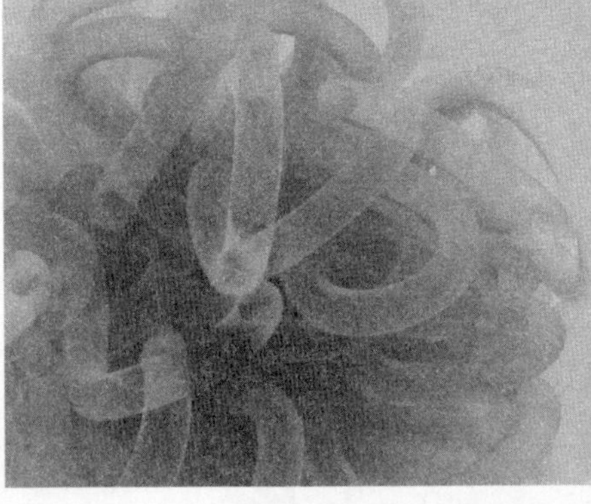

바이러스란 무엇인가

연구자가 가져야 할 태도

지금으로부터 십여 년 전으로 기억합니다. 동물 바이러스 연구를 평생의 업으로 정하고 시작하던 연구자로서의 초창기 시절입니다. 평소에 존경하던 한 선배 연구자께서 연구자로서의 길을 걸음에 있어서 의미심장한 충고의 말씀을 해 주셨습니다. 그중에 내 기억 속에 강하게 남아 있는 충고가 있습니다.

"모름지기 연구자라면 내가 무슨 일을 하고 있는지 왜 그것이 중요한지를 옆집 할머니에게조차도 자신 있게 그리고 알아듣기 쉽게 설명할 수 있어야 한다."

이삼십대 시절 실험실에 박혀 실험에 미쳐 살았고 그렇게 해서 연구 성과만 나오면 모든 것을 보상받을 수 있을 줄 알았습니다. 그런데 연구라는 것에 대해 희미하게나마 눈을 뜨고 보니 왜 그런 말씀을 했는지 느껴지기 시작합니다.

우리는 자기 자신의 능력을 적극적으로 내보여야 생존할 수 있는 세상에 살고 있습니다. 과거에도 마찬가지였을 것입니다. 단지 방식의 차이가 아닐까 싶습니다. 과거에는 문장 또는 글씨로 남겨 놓았다면 이제는 그것에 덧붙여 말로도 자신을 적극적으로 알려야 하는 세상입니다. 과학자로서 성공하려면 자신의 연구 성과를 누구에게나 제대로 알려줄 수 있어야 한다는 것을 느끼기 시작합니다. 자신의 연구 성과를 홍보하는 방법이 연구 논문이 될 수가 있고, 잡지를 통한 기고가 될 수도 있고, 학생들에 대한 강의, 그리고 대중들을 향한 강연이 될 수도 있습니다. 심지어 동료나 지인들과 소주 한잔 걸치며 하는 대화에도 있습니다.

이번 장에서 인플루엔자에 대해 기본적인 사항에 대해 나름대로 이야기하려 합니다. 그런데 사실 전문적인 부분이 많아서 이 책을 읽고 있는 분들에게 어떻게 쉽게 설명해야 할까 고민을 거듭해 보았습니다. 거기에는 아직까지 얕은 지식과 서툰 표현력이 큰 몫을 하고 있습니다. 그러나 가능하면 쉽세 설명하는 이 내용이 신종 전염병에 대한 일반인들의 근거 없는 두려움과 미신을 없애는 데 도움이 되기를 바랍니다.

세균과 바이러스의 차이

생물과학이나 의학 계통에 있지 않은 친구들을 만나서 이야기하다 보면 "바이러스가 무엇이고 세균이 무엇이냐?"는 질문을 가끔씩 받고는 합니다. 쉽게 설명해 달라는데, 어떻게 쉽게 설명해야 될지 머뭇거릴 때가 많습니다. 저는 "세균은 영양분만 주면 자기가 알아서 혼자 자라는 놈이고, 바이러스는 자기 혼자 알아서 자라지 못하는 놈"이라고 말해 줍니다. 기본적으로 세균과 바이러스는 그들 각자가 세상을 살아가는 방식이 전혀 다릅니다. 바이러스는 스스로 증식할 능력을 가지고 있지 않아서 살아있는 숙주세포 안에 들어가서 빈대처럼 달라붙어야 자라는 놈입니다.

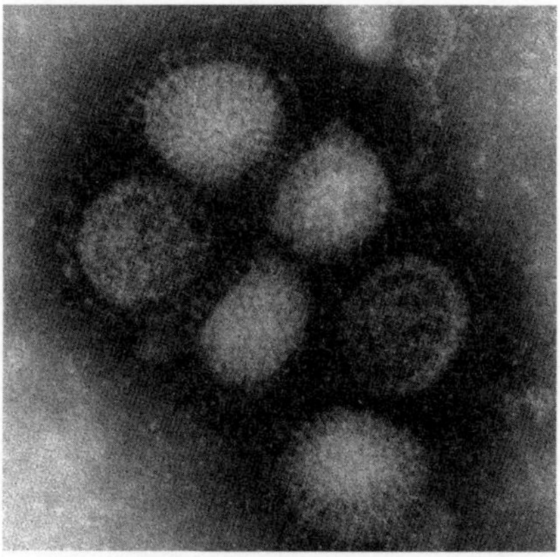
신종 플루. 초기에 돼지독감으로 알려졌던 신종 인플루엔자 바이러스.

우리집 큰아이가 진지하게 탁자에서 마주보며 내게 물어 봅니다. "아빠는 바이러스 박사니까 물어볼 게 있어! 왜 바이러스는 세포에서만 살아야 돼?" 바이러스는 왜 세균처럼 더러운 물(유기물)에서 혼자서 자랄 수 없는지를 물어 본 것입니다. 갑작스러운 공격에 한참을 머뭇거리다가 얼떨결에 답해 줍니다.

"간단해! 혼자 못 자라니까 그러지!"

큰아이가 원하는 대답이 아니었는지 고개를 절레절레 흔듭니다. 그래서 다시 차근차근 설명을 해 줍니다.

"바이러스는 덩치가 너무 작아서 스스로 증식할 수단을 가지고 있지 않아. 바이러스는 유전자라는 설계도만 가지고 있기도 벅차거든. 이놈이 스스로 증식할 수단을 가지려면 덩치가 엄청 커져야 해! 그래서 증식할 수 있는 다른 생명체, 그러니까 살아 있는 세포를 이용하는 거야. 심지어 세균에 들어가서 자라는 바이러스도 있고, 곰팡이에 들어가서 자라는 놈도 있고 그래. 세균이나 곰팡이도 일종의 살아 있는 세포거든. 그런데 바이러스라는 놈은 자기가 살아가는 삶의 터전이 정해져 있어! 세균에서 자라는 놈, 식물세포에서 자라는 놈, 동물세포에서 자라는 놈 등등 말이야."

큰아이는 조금은 만족한 듯한 표정을 짓습니다. 그렇지만 여전히 만족할 만한 답에 대해 목말라 합니다. 조금 더 내공이 쌓이면 큰 아이에게 자신 있게 답을 해 줄 것입니다. 그때가 되면 이미 아마도 큰 아이가 스스로 알 때가 되었을 것입니다.

바이러스라는 놈은 참으로 희한한 놈입니다. 살아있는 것도 아니고 죽은 것도 아니고 그렇습니다. 세포 안에서 활동할 때는 엄청나게 폭발적으로 자랍니다. 마치 기계로 찍어내듯이 자신을 복제합니다. 그러나 일단 세포 바깥으로 나오면 전혀 활동이 없는 단백질 덩어리에 불과합니다. 단지 살아 있는 세포에 들어갈 수 있는 능력을 가지고 있을 뿐입니다. 우리는 그러한 능력을 가리켜 '감염력(infcectivity)이 있다'고 합니다.

보이지 않는 병독의 세계

지인 하나가 논문에 있는 바이러스 모형을 보더니 이렇게 묻습니다.

"이거 어떻게 이렇게 생긴 줄 알지? 상상해서 대충 그린 거야?"

"아닙니다. 직접 보고 알기 쉽게 그린 것입니다. 바이러스 입자를 보고 그리는 것을 전문적으로 하는 연구자들도 있습니다."

하도 바이러스 모형그림 자료에 익숙해지다 보니 저 자신도 가끔씩 바이러스가 크다는 착각에 빠지기도 합니다. 바이러스 입자는 종족 보전(증식)에 필수적인 유전자와 그것을 덮고 있는 단백질로 되어 있습니다. 덩치가 워낙 작다 보니 복잡하게 이것저것 잔뜩 가지고 있을 수 없습니다. 심지어 유전자도 세균처럼 DNA, RNA 이것저것 다 가지고 있기가 힘들어서 DNA든 RNA든 하나만 전략적으로 가지고 있습니다.

바이러스는 매우 단순한 구조를 가지고도 스스로의 생명을 유지하는 대단한 전략을 구사하고 있습니다. 유전자라는 것에 자신의 생존 능력을 비축하고 있습니다. 그래서 자신의 생존을 유지하기 위해, 살아 있는 세포를 만나면 바이러스는 유전자를 세포 안으로 집어넣고선 세포의 대사과정에 간섭하여 세포로 하여금 바이러스를 마구 찍어내게 만드는 대량생산 방식을 가지고 있습니다. 한번 세포에 달라붙어 증식하게 되면 무지막지하게 많은 자손을 기계로 찍어내듯이 복제해서 만들어 냅니다. 그러다 보니 항생제로 대사과정을 차단하여 죽일 수 있는 세균과 달리, 바이러스를 죽이기가 쉽지 않습니다. 바이러스 대사과정은 근본적으로 숙주세포의 대사과정 자체이기 때문입니다. 숙주세포의 대사과정을 잘못 건드리면 숙주세포가 다칠 수 있습니다. 그래서 바이러스 치료제는 개발하기가 쉽지 않습니다.

바이러스가 얼마나 작기에 그런 장황한 설명을 하나 싶을 것입니다. 독감 인플루엔자를 유발하는 병원체 또한 바이러스입니다. 그래서 우리는 인플루엔자 바이러스라고 부릅니다. 바이러스 입자의 크기는 평균적으로 직경이 100나노미터 정도 됩니다. 만분의 1밀리미터입니다. 사실 육안으로는 1밀리미터 크기도 제대로 보기도 힘든데, 그것의 만분의 일입니다. 상상조차 하기가 힘든 매우 작은 크기입니다. 그래서 바이러스는 그냥 현미경이 아니라 전자현미경으로 수만 배 이상 확대해야 겨우 보입니다. 어떻게 그렇게 작은 것이 거대한 생명체를 쉽게 거꾸러뜨릴 수 있을까? 참으로 신기하기 이루 말할 수 없습니다. 쉽게 말해서 보이지 않은 독입니다. 그래서 과거에는 바이러스를 '병독(病毒)'이라고 불렀습니다.

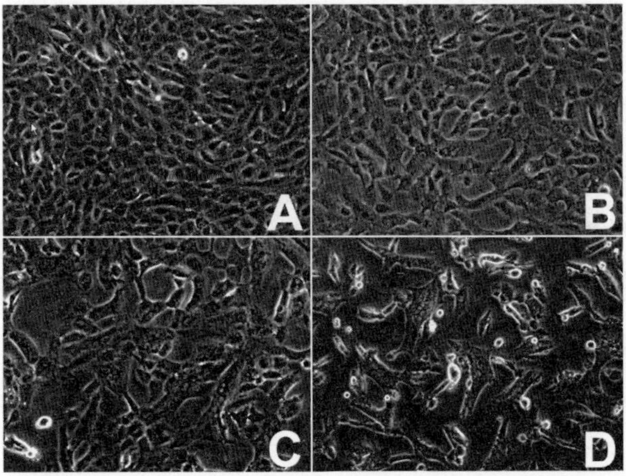

포진(HSV-1)에 감염된 상피세포. 바이러스가 증식함에 따라 세포 조직이 파괴되어 가는 과정을 볼 수 있다. 코와 목의 상피세포는 인플루엔자 바이러스가 특히 좋아하는 부위이기도 하다.

인플루엔자 바이러스는 근본적으로 동물세포를 삶의 터전으로 살아가는 바이러스입니다. 그중에서도 특히 물에 사는 야생조류들을 터전(숙주)으로 삼고 있습니다. 사람과 같은 포유동물들도 인플루엔자 바이러스가 나름대로 삶의 터전을 마련하는 대상입니다.

인플루엔자 바이러스의 삶의 터전인 동물세포는 세포 종류마다, 분포 위치마다, 세포의 기능마다 그 모양과 크기가 천차만별입니다. 인플루엔자 바이러스는 일차적으로 호흡기 상기도 상피세포에서 증식하는 것을 좋아합니다. 그래야 호흡기를 통해 쉽게 다른 숙주로 이동하기가 쉽기 때문입니다. 그런데 인플루엔자 바이러스는 상피세포에 들어가 증식하려고 할 때 세포 표면에 아무 방향에서나 달라붙는 게 아닙니다. 마찬가지로 세포 내에서 바이러스가 복제된 뒤에도 세포 표면의 아무 방향으로 방출되는 게 아닙니다. 기도 점막 쪽으로 노출되어 있는 정점 표면만 이용합니다. 그래야 감염도 쉬울 뿐만 아니라 호흡기를 통하여 바이러스가 배출되기 쉽기 때문입니다.

인플루엔자 바이러스가 침투하는 세포 표면을 3차원적 공간이 아닌 2차원적인 표면으로만 간주해 상피세포의 정점 표면 크기를 약 10마이크로미터(0.01밀리미터) 정도라고 가정하고 바이러스 크기와 비교해 보면 세포 표면의 직경은 바이러스 입자 직경보다 100배 정도 크기가 됩니다. 그래서 바이러스가 세포 표면에 달라붙어 들어가는 과정은 수영장에 사람이 다이빙해서 들어가는 장면과 어느 정도 유사합니다. 쉽게 비유하자면 폭이 100미터인 대형 수영장(세포 표면)에 1미터 크기의 어린아이(바이러스입자)가 다이빙하는 꼴입니다. 그 아이가 다이빙하는 순간 그 주변의 수면이 잠시 출렁일 뿐 그 이후엔 마치 아무런 일이 없었다는 듯이 곧 고요해집니다. 그래서 이 작은 바이러스의 입장에서 보면 자신이 살아가는 숙주인 상피세포가 결코 좁은 공간은 아닙니다.

바이러스의 놀라운 복제 능력

인플루엔자 바이러스의 구조

바이러스라는 놈은 덩치가 작고 단순하면서도 자신이 생존할 수 있는 여러 가지 전략을 가지고 있는데 앞에서도 말했듯이 기본적으로는 세포라는 숙주를 이용하는 공통점이 있습니다. 그러나 구체적으로 보면 바이러스마다 생존하는 전략이 제각각입니다. 숙주세포의 염색체에 끼어 들어가서 아예 삶의 터전을 잡은 경우가 있는가 하면 유전자를 DNA 형태로 가지고 있는 바이러스도 있고, RNA 형태로 가지고 있는 바이러스도 있습니다. 유전자를 한 가닥으로 가진 바이러스도 있고, 두 가닥으로 새끼 꼬듯이 꼰 바이러스도 있습니다. 여러 가닥으로 분산해서 가진 바이러스도 있습니다. 심지어 유전자를 둥근 도넛처럼 가진 바이러스도 있습니다. 어떤 것은 단백질 껍데기를 두 겹으로 둘러싸기도

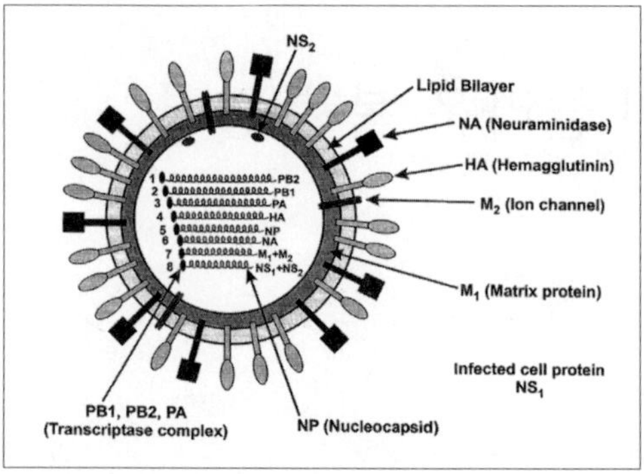

인플루엔자 바이러스의 구조. 튀어나온 돌기처럼 보이는 것이 NA와 HA 단백질이다. 내부에는 RNA 사슬이 들어 있다.

하고, 몇 개 단백질로 빽빽하게 울타리를 치기도 하며 느슨하게 바이러스 단백질을 잔뜩 가지기도 합니다. 그래서 유전자 구조에 따라서 단백질 형태에 따라서 바이러스가 숙주세포에 증식하는 방식도 제각각입니다. 세포질에서 증식하는 바이러스도 있고, 세포핵 안으로 들어가서 증식하는 놈도 있습니다.

인플루엔자 바이러스는 기본적으로 둥근 공처럼 생겼습니다. 바깥 표면에는 마치 밤송이처럼 바늘같이 뾰족한 단백질이 잔뜩 붙어 있는 모양을 하고 있고 그 껍질 안에 자신의 생존을 책임지는 유전자를 가지고 있습니다. 인플루엔자 바이러스의 유전자는 RNA의 형태로 존재합니다. 이런 RNA 바이러스의 치명적 결점은 숙주세포 내에서 바이러스 유전자를 찍어내는 폴리머라제라는 기계의 성능이 부실하다는 데 있습니다. 쉽게 말해 RNA 바이러스는 DNA 형태의 유전자를 가진 바이러스보다 불량품 바이러스를 만들어 내기가 쉽습니다. 이러한 불량품은 대부분 기형적인 입자라서 숙주세포에서 증식 능력이 불량해서 살아남을 수 없습니다. 간혹 생존 능력을 가진 불량품이 생기기도 하는데 이것이 돌연변이 변종 바이러스를 출현하게 만드는 토대가 되기도 합니다.

인플루엔자 바이러스 유전자는 대부분 바이러스와 다른 매우 독특한 구조를 가지고 있습니다. 한 개가 아니라 여러 개의 유전자를 가지고 있기 때문입니다. 그래서 우리는 인플루엔자 바이러스를 A, B, C 세 가지 유형으로 구분합니다. 이 중 A형과 B형은 8개의 유전자를, C형은 7개의 유전자를 가지고 있습니다. 사람에서 독감을 일으키는 것은 A형과 B형이며, 특히 인플루엔자 바이러스 A형이 큰 문제를 일으키는 문제 아입니다. 그래서 여기부터는 기본적으로 인플루엔자 바이러스 A형을 기준으로 설명하겠습니다.

인플루엔자 바이러스는 이들 8개의 유전자들 각각에 자신이 생존하는 데 필요한 고유의 기능을 분담시켜 놓았습니다. 그래서 바이러스가 자신의 유전자를 세포 안으로 밀어 넣으면 이들 유전자들은 주어진 임무에 따라 유전자 복제와 바이러스 조립 등에 필요한 각종 단백질을 만들어 냅니다. 드문 경우이기는 하지만 여러 종류의 인플루엔자 바이러스가 같은 세포 안에서 동시에 증식하는 희한한 상황이 벌어지면 각자 바이러스를 조립하는 과정에서 서로 다른 바이러스들의 8개 유전자가 서로 뒤엉켜서 조립되는 즉 교통정리가 안 되는 경우가 발생하게 됩니다. 이러한 상황이 새로운 형태의 신종 바이러스가 출현하는 주요한 원천이 됩니다. 이에 대해서는 뒷부분에서 신종 바이러스 출현 메커니즘을 설명하면서 구체적으로 설명하겠습니다.

인플루엔자 바이러스는 변신을 쉽게 하다 보니 그 종류도 너무 많아지고 여간 복잡한 것이 아닙니다. 그래서 국제바이러스분류위원회

(ICTV)는 인플루엔자 바이러스의 계보를 정하는 룰을 만들었습니다. 예를 들어, 2006년 한국 익산에 있는 한 양계장에서 발생한 고병원성 조류인플루엔자 사례에서 분리한 바이러스의 고유이름은 A/chicken/Korea/IS/2006(H5N1)로 표기됩니다. A는 앞서 설명한 대로 바이러스의 항원형(A, B, C)을 의미하고, chicken은 분리된 동물종입니다(사람의 경우엔 생략합니다). 그 뒤에는 지역명과 바이러스 분류번호, 분류년도가 표기됩니다. 마지막에 괄호 안에 있는 것은 바이러스 아형으로 껍질을 구성하는 단백질의 형태에 따라 결정됩니다. 즉 HA단백질(A형은 1에서 16까지 있음)과 NA단백질(1에서 9까지 있음)의 종류에 따라 명명되는데 조류독감은 HA단백질 5번과 NA단백질 1번으로 구성된 바이러스라는 것을 알 수 있습니다.

인플루엔자 바이러스의 증식 방법

그러면 여기서 인플루엔자 바이러스가 사람의 상피세포에서 어떻게 증식하는지 보겠습니다. 바이러스가 숙주세포에서 증식하는 과정을 보면 매우 조직적입니다.

❶ 바이러스의 세포 진입: 일단 사람의 호흡기 상기도 상피세포에 바이러스가 도달하면서 감염이 시작됩니다. 바이러스 입자가 호흡기 상기도의 상피세포에 도달하면 바이러스 입자 껍질에 있는 HA단백질이라는 팔을 이용해서 세포 표면에 있는 시알릭산(sialic acid)에 마치 두 우주선이 도킹하듯이 결합합니다. 바이러스 HA단백질이 세포 표면에 달

라붙는 부위를 우리는 수용체라고 부릅니다. 바이러스가 일단 세포 수용체에 달라붙으면 마치 모래늪에 빠지듯 바이러스 입자가 세포 안으로 빨려 들어갑니다.

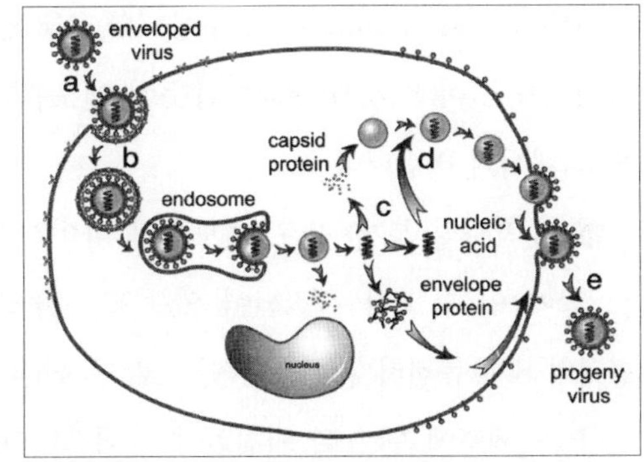

바이러스 복제 과정. 세포막으로 침입해 들어오면서 엔도솜(물방울 모양)을 형성한 뒤, 이온 작용으로 유전자가 세포질 안으로 방출된다. 유전자의 복제와 단백질의 합성을 통해 다시 바이러스를 재조립한 뒤 세포 밖으로 탈출하게 된다.

❷ 내부의 이온 채널 가동: 바이러스 입자는 물방울처럼 둘러싸여 세포 안으로 들어가는데, 우리는 이것을 엔도솜(endosome)이라 부릅니다. 이때, 엔도솜이 세포질로 들어오게 되면 세포질에 있는 수소이온(H+)이 엔도솜 안에 흘러 들어와서 내부 환경을 순식간에 산성으로 바꿉니다. 그러면 바이러스 M2 단백질이라는 이온 채널이 자동적으로 가동됩니다. 이러한 과정들이 마치 화약고에 방아쇠 당기듯 연쇄반응처럼 일어납니다.

❸ 엔도솜과 바이러스 입자의 해체: 바이러스 입자 내부로 수소(H+) 이온들이 홍수처럼 밀려들어 와서 바이러스 내부도 급속히 산성으로 변하게 됩니다. 그와 동시에 바이러스의 HA단백질과 M1단백질을 서로 연결하고 있는 고리가 끊어지게 됩니다. 그 과정에서 HA단백질이 두 개 절편으로 부러집니다. 이때 부러진 HA단백질 절편 끝은 마치 나무 막대기를 부러뜨렸을 때처럼 날카롭게 됩니다. 우리는 이것을 퓨전 펩

타이드(fusion peptide)라고 부릅니다. 그러면 퓨전펩타이드는 마치 쇠 막대기를 꽂아 제쳐서 뻥튀기하듯이 엔도솜과 바이러스 입자를 순식간에 해체시켜 버립니다.

❹ 유전자의 복제: 세포 엔도솜과 바이러스 입자가 해체되면 바이러스 입자 안에 고이 간직되어 있는 리보뉴클레오단백질(RNP)[13]이라는 형태의 8개 유전자가 세포질 안으로 방출됩니다. 세포질 안으로 침투한 RNP는 세포핵 안으로 거침없이 들어갑니다. 마치 점령군처럼 말입니다. 이들 RNP 8개는 각 고유의 유전자를 가지고 있고, 그 주변을 NP라는 단백질이 감싸고 있는데 이 유전자 끝을 마치 노끈 양끝을 묶어 놓듯이 달라붙어 있는 3종의 바이러스 단백질(PA, PB1, PB2)이 있습니다. 이들 3종 세트의 단백질이 세포 안에서 바이러스 유전자를 마치 기계로 주물 찍어내듯이 대량 복제하게 합니다. 바이러스 입자가 숙주세포에 결합해서 바이러스 RNP가 세포핵 안으로 침투하는 데까지 일련의 과정은 불과 수십 분 이내에 이루어집니다. 마치 특수 임무를 띠고 적진(세포)에 침투하는 특수부대처럼 말입니다.

❺ 바이러스 재조립과 탈출: 복제된 일부 유전자들은 세포 핵 바깥으로 나가 리보소옴[14]에서 바이러스 형태를 구성하는 단백질을 대량으로 만들게 합니다. 리보소옴에서 만들어진 단백질은 골지체로 이동해서 조립할 바이러스를 껍질 맞춤형으로 다듬어 놓습니다. 그 후 일부

---

13) 리보뉴클레오단백질(ribonucleoprotein): 바이러스유전자, 그리고 유전자를 감싸고 있는 단백질로 구성된 복합체를 일컫는다. 인플루엔자 바이러스의 경우 유전자와 4개의 단백질(NP, PA, PB1, PB2)로 구성되어 있다.

14) 리보소옴(Ribosome): 단백질을 합성하는 세포 소기관

내부단백질들은 다시 세포핵 내부로 들어가서 복제된 유전자가 세포질에서 손상되지 않도록 단단하게 결합하여 RNP를 만듭니다. 만들어진 RNP는 다시 세포 핵 바깥으로 나와서 이미 만들어진 바이러스 단백질과 함께 바이러스 입자 내부 조립 과정을 거치게 됩니다. 그후 만들어진 바이러스 입자들은 세포막 쪽으로 몰려가서 세포막에 있는 HA단백질과 NA단백질을 덮어 씁니다. 그 다음에는 세포막 성분으로 바이러스 껍질 빈틈을 완벽하게 메우고 세포막을 탈출하게 됩니다. 우리는 이 과정을 '발아(budding)'라고 부릅니다. 바이러스 입자가 세포막 표면 시알릭산 수용체에 달라붙어 탈출할 준비가 되면 바이러스 NA단백질은 시알릭산과의 마지막 연결 고리를 가위로 자르듯 끊어 버립니다. 이러한 발아과정은 마치 적진을 향해 쏘아대는 장사포를 연상시킵니다.

이 과정을 알면 독감약의 작용 기제를 이해할 수 있게 됩니다. 아만타딘이나 리만타딘 같은 독감약은 바이러스가 세포 내부로 침투하는 과정에서 발생하는 M2단백질에 의해 이루어지는 이온 채널 가동을 중단시키게 만듭니다. 그러면 엔도솜과 바이러스 입자가 해체되어 바이러스(유전자)가 세포질 안으로 침투해 들어가지 못하게 되고 바이러스가 증식될 수 없는 것입니다. 신종 플루의 처방약으로 널리 알려진 타미플루는 바이러스 NA단백질의 효소 작용을 못하게 만들어 바이러스 입자가 세포막을 벗어나지 못하게 합니다. 쉽게 말해 숙주세포에서 만들어진 새끼 바이러스가 세포막에 접착제로 붙여 놓은 것처럼 되어 세포 바깥으로 방출되지 못합니다. 숙주세포에서 새끼 바이러스가 만들어져도 다른 세포로 감염되지 못하게 만드는 것입니다. 이것이 타미플루의 독감 치료 원리입니다.

인플루엔자 바이러스가 상피세포 하나에 침투해 들어가서 수백 개의 새끼 바이러스를 만드는 데까지 걸리는 시간은 고작 6시간 정도밖에 되지 않습니다. 세균은 자신을 증식하는 데 수십 분이라는 짧은 시간이 걸리긴 하지만 한 번 증식에 또 하나를 만들어 낼 뿐입니다. 다시 말해 한 번에 두 배씩 세균 숫자가 늘어날 뿐입니다. 하지만 바이러스의 증식 속도는 숙주의 대사 과정에 달려 있습니다. 대신에 바이러스는 일단 기회를 잡으면 유전정보 하나만으로 새끼 바이러스를 한꺼번에 대량으로 만들어 내는 시스템을 가지고 있습니다. 세균의 증식 과정이 수작업으로 하나씩 만들어 내는 것이라면 바이러스 증식과정은 기계로 한꺼번에 찍어내는 작업입니다.

인플루엔자의 감염 경로

감염 경로에 대한 몇 가지 오해들

싱그러운 초록이 넘실대는 7월, 캐나다에서 열린 바이러스학회에 참석하고 돌아왔습니다. 일일이 체온도 재고 공항에서부터 검역이 철저합니다. 귀국 후 며칠이 지나지 않아 보건소로부터 전화가 왔습니다. 귀국 후 고열 증상이 없느냐고 물어봅니다. 혹시 일주일 이내 고열 증상이 나타나면 신고해 달랍니다. 물론 그런 증상은 없었습니다. 있었다면 내가 먼저 신고를 했을 것입니다.

사람에서의 독감 증상에 대해선 익히 잘 알고 있을 것입니다. 독감에 걸리면 고열과 더불어 일주일 이내 콧물, 코막힘, 인후통, 기침 증상 중 한 개 이상의 증상을 보이며 간혹 오심, 무력감, 식욕부진, 설사와 함께 구토 증상이 나타나기도 합니다. 그리고 기침이나 재채기 등을 통해 독감이 전염된다는 사실 또한 익히 잘 알고 있을 것입니다.

시골 소꿉친구와 오랜만에 만나 같이 저녁을 같이 먹게 되었는데 느닷없이 "키스를 통해 독감이 전염되냐?"고 내게 물어봅니다.

"아직도 키스할 일 있니? 혹시……" 어이없다는 듯이 웃으며 쳐다보았습니다.

"아니! 이상한 상상 하지 말고…… 기침이나 재채기를 통해서 전염된다 하는데 키스를 통해 전염된다는 말이 없어서……"

"기침이나 재채기로 전염된다는 것은 기본적으로 독감이 환자의 침이 튀어 앞 사람에게 묻어 전염된다는 말이거든. 기침이나 재채기가 상대방 얼굴에 얼마나 묻겠니? 악의적이지 않으면 말이야. 그런데 독감 환자랑 키스를 한다면 상대방 침이 얼마나 묻을지 상상해 봐! 바이러스를 통째로 집어넣는 꼴 아니겠어? 걸리겠어? 안 걸리겠어?".

"그야 당연히……"

감염이 되고 안 되고를 떠나 고통 받고 있는 독감 환자랑 키스하는 것 자체가 무리한 일일 것입니다.

내가 당연하다고 믿는 많은 사실들이 사실은 당연하지 않은 경우가 많습니다. 기본적으로 알고 있는 배경지식 자체가 다르고 생각하는 것이 다르기 때문입니다. 우리나라에서 발생한 적이 있는 조류독감을 예로 들어 보겠습니다. 조류 바이러스이지만 이것도 인플루엔자 바이러스입니다. "닭고기를 75℃에서 끓이면 조류독감에 걸리지 않으니 안전하다."라는 홍보문구를 보고 "그러면 끓여 먹지 않으면 조류독감에 걸리냐?"고 묻는 경우가 있습니다. 대충 들으면 그럴듯해 보입니다. 그런데 사실 우리나라와 같은 축산 체계에서 조류독감 걸린 닭고기 자체가 유통 과정까지 올 수가 없습니다. 닭은 독감 치사율이 높아서 도계장에 오기 전에 이미 죽어 버리기 때문이며, 조류독감이 의심되면 바로 질병 통제에 들어가기 때문입니다. 정부 방역체계가 그렇게 허술하지 않습니다. 그래서 조류독감에 걸린 닭고기가 식탁에 올라올 수가 없습니다. 닭고기에 독감 바이러스가 없는데, 철저하게 끓여먹을 고민부터 한다는 자체가 기우입니다. 전 세계적으로 조류독감이 유행했지만 닭고기 먹고 독감 걸렸다는 사람은 들어본 적이 없습니다. 안심하고 드시면 됩니다.

인플루엔자의 전염 경로

다른 호흡기 질병과 마찬가지로, 인플루엔자의 사람 간 전염은 침방울을 통해서 이루어집니다. 이 침방울이라는 것이 눈에 보이는 큼지막한 침에서부터 눈에 보이지 않은 침방울까지 그 크기가 다양합니다. 우리는 침방울을 입자 크기에 따라 구분해서 말합니다. 일반적으로 직경이 5마이크로미터보다 작은 침방울을 에어로졸(aerosol)이라 부르고, 이보다 큰 침방울을 비말(droplet)이라 부릅니다. 다만 구분 기준을 5마이크로미터보다 크게 잡는 경우가 있기도 합니다. 아무튼 에어로졸 형태의 침방울은 너무 작아서 눈에 보이지 않을 뿐 아니라 일반적으로 기침 등으로 튀어 나오는 순간 증발해서 사라져 버립니다. 큰 침방울인 비말입자는 앞에 있는 다른 사람이 흡입하여 호흡기로 들어가면 폐포까지 도달하지 못하고 코나 기관지 등 상부 호흡기 점막에 모두 달라붙게 됩니다. 입자 크기가 작은 비말 입자는 수분 증발에 의해 쭈그러들면서 비말핵(droplet nuclei)이 됩니다. 그런 비말핵의 경우에는 폐포까지 침투할 수 있습니다.

우리가 말하거나 정상적인 숨을 쉴 때도 침방울이 나옵니다. 이때는 대개 에어로졸 형태의 미세한 침방울입니다. 인플루엔자에 걸리면 바이러스가 일차적으로 증식하는 부위가 코나 목이고 감염 초기에 콧물 등의 분비물이 많이 생성됩니다. 이들 분비물에는 다량의 바이러스가 들어 있으며 기침과 재채기를 통해서 배출됩니다. 기침이나 재채기는 상기도 점막에 이상이나 이물질이 생기면 생체가 이물질을 제거하기 위해 본능적으로 나오는 생리반응입니다. 이때 호흡기 내 점막에 있는 물기가 침방울 형태로 많이 묻어 나옵니다. 대부분 침 성분이겠지만 말입니다. 독감에 걸린 경우가 아니더라도 상대방 얼굴에 침이 튀기면 기분이 좋을 일이 없습니다. 기침이나 재채기가 나오면 휴지나 손수건을 입이나 코에 대고 하고, 그럴 수 없으면 손이라도 갖다 대든가 해서 최소한 남의 얼굴에 침을 튀기지는 말아야겠지요.

기침할 때와 재체기할 때 어느 때가 침 튀기는 속도가 빠를까요? 정답은 재채기입니다. 물론 재채기의 강도에 따라 차이가 나겠지만, 일반적인 수준에서 보면 기침을 할 때는 침방울이 초속 10미터 속도로 날아가고, 재채기를 할 때는 초속 50미터 속도로 날아갑니다. 심지어 대화를 할 때에도 침이 튀어 나오는데 이때 속도가 약 초속 1미터 정도 된다고 합니다.

그러면 기침이나 재채기를 할 때 얼마나 많은 침방울이 튈까요? 아무래도 재채기가 기침보다 훨씬 강도가 세니까 튀어나오는 침방울 수도 당연히 많습니다. 독감환자의 덩치에 따라 다르고, 기침을 얼마나 심하게 하느냐, 콧물이 얼마나 많이 생기느냐 등에 따라서 침방울 숫자가 당연히 다를 것입니다. 어쨌든 재채기의 경우 한 번 할 때 백만 개 정도 침방울이 튀어 나온다고 합니다. 어마어마한 숫자입니다. 침방울(대부분이 에어로졸 형태임) 중 비말 입자의 숫자만 본다 하더라도 재채기를 할 때 2만 개까지 발생할 수 있습니다. 아마도 많은 독자 분들은 이렇게 많이 나오는 줄 몰랐을 겁니다. 종이를 앞에 대고 재채기를 해 보면 종이 위에 튀어 나온 침방울의 개수를 충분히 셀 수 있습니다. 왜냐하면 침방울의 90퍼센트 이상이 입자 크기가 0.01밀리미터도 안 되는 에어로졸이고(눈에 보이지도 않음), 물방울 수를 세고 있는 순간에 보이던 침방울도 대부분 증발해 버리기 때문입니다. 하지만 그렇게 보이는 것 이상의 많은 물방울이 튀어 나온다는 것은 명심하세요.

일반 유행성 독감의 경우 독감에 걸린 지 이틀 전후에 호흡기관에서 가장 많이 바이러스가 증식합니다. 이때가 독감 초기증상인 고열 증상이 시작될 때입니다. 이때 유행성 독감의 경우 호흡기 체액 1cc당 최대 1,000만 개의 바이러스가 들어 있다고 합니다. 호흡기관에서 증식한 바이러스는 기침이나 재채기를 통해 튀어나와 전염력을 발휘하게 됩니다. 다시 말해 독감에 걸린 지 이틀 전후가 전염력이 가장 강한 시기이고, 그 시기가 지나면 독감의 전염력은 급격히 줄어들게 됩니다. 일반적으로 독감 환자가 다른 사람을 전염시킬 수 있는 전염기는 독감 증상이 나타나기 하루 전부터 증상이 소멸될 때(증상 발생 후 7일)까지로 보고 있습니다. 어린이의 경우 특히 10일 이상 전염시킬 수도 있습니다.

사실 재채기 할 때 나오는 침방울의 숫자상 개념으로 볼 때는 대부분이 에어로졸이지만 양으로 볼 때는 99.9퍼센트가 직경 8마이크로미터 이상의 비말 속에 들어 있습니다. 인플루엔자 바이러스가 침 속에 골고루 들어있다고 본다면 재채기할 때 튀어 나오는 바이러스 99.9퍼센트가 비말입자 속에 들어있다는 것을 의미합니다. 그러므로 침방울 중에서 비말 형태의 침방울이 가장 중요한 전염원이 되는 것입니다. 비말 형태는 크기 때문에 폐포까지 침투하지 못하고 호흡기 상기도에 묻어 버리기 때문에 인플루엔자 바이러스가 좋아할 수밖에 없습니다. 비말 전염의 원리를 응용하여 예방백신 접종에 활용하기도 합니다. 주로 미국에서 사용하고 있는 콧구멍으로 접종하는 인플루엔자 백신 플루미스트(FluMist)가 대표적인 사례입니다. 최소한 수만 마리씩 사육하는 닭 농장의 경우에는 분무백신이라고 해서 흔하게 적용하고 있는 방법도 비말감염의 원리를 응용한 것입니다.

사람의 폐 흡수 면적은 대략 80~120제곱미터 정도 되고, 안정을 취하고 있을 때 1분간 환기량이 약 6리터 정도 됩니다. 그러므로 독감 환자가 배출하는 침방울 속에 바이러스의 양이 많고 환기가 되지 않은 공간에서 장기간 머물게 된다면 단순히 같은 공

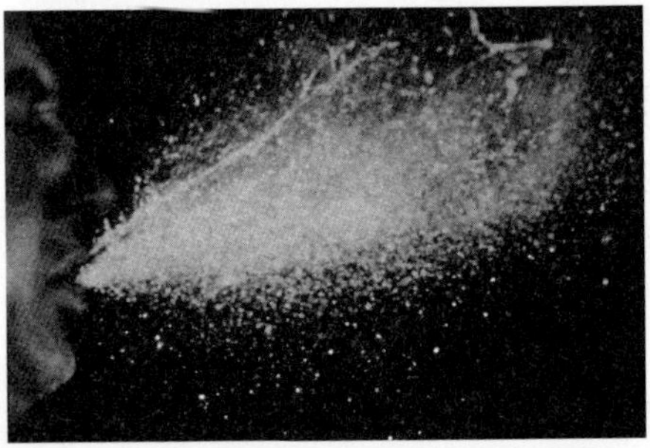
비말감염. 기침을 할 때면 엄청난 개수의 에어로졸과 비말이 공기 중으로 분사된다. 그 속도도 매우 빠르다.

간에서 숨을 쉬는 것만으로도 에어로졸 감염이 가능할 수 있습니다.

물론 독감을 전염시키는 확률에서 에어로졸은 비말 입자에 미치지 못합니다. 그러나 공기 중에 떠다니는 에어로졸과 달리, 비말 입자는 무거워서 날아가지 못하고 바닥에 가라앉습니다. 큰 입자(직경 100마이크로미터 즉 0.1밀리미터)인 경우 10초 이내 가라앉습니다. 그보다 작은 입자는 입자 크기에 따라서 수분에서 수십 분 정도 걸릴 수 있습니다. 그래서 독감 환자에서 나온 비말 입자(바이러스)는 공중에 떠다니다가 눈, 코, 입 등에 묻어서 전염이 이루어집니다. 이렇게 비말 입자가 사람 눈 점막에 묻거나 코로 흡입해서 전염 가능한 거리를 대개 2미터(주로 1미터 이내) 정도로 보고 있습니다. 물론 거리가 가까울수록 전염가능성이 높습니다. 그 간격이 1미터도 되지 않는 택시라면 충분하겠지요. 우리나라 첫 번째 신종 플루 환자가 택시에서 감염된 사례입니다. 이런 상황은 출퇴근 시간에 전철이나 버스 안에서도 충분히 일어날 수 있습니다. 학생들이 장시간 한 교실에 앉아 있는 교실도 독감이 전염하기에 유리한 여건입니다.

또 이런 경우를 상상할 수 있습니다. 엘리베이터 안에서 어느 환자가 기침을 합니다. 기침으로 엄청난 수의 비말 입자가 순간적으로 뿜어져 나옵니다. 다행히 엘리베이터 안에 사람이 없었습니다. 그래서 엘리베이터를 타고 올라가는 동안 입과 코도 안 가리고 맘껏 그것도 여러 번이나 기침을 합니다. 좁은 공간 안에서 비말 입자들이 벽면은 물론이고 엘리베이터 버튼에도, 손잡이걸이에도 묻습니다. 비말 입자 속에는 바이러스가 가득 들어있습니다. 그리고 놀이터에서 놀던 아이들 한 무리가 1층에서 엘리베이터를 기다리고 있습니다. 다시 내려온 엘리베이터를 탑니다. 아이들은 기침 비말이 묻은 버튼을 누릅니다. 손바닥으로 기침 비말이 묻은 손잡이걸이를 이리저리 만집니다. 기침 비말이 묻은 벽을 비비기도 합니다. 그러다가 코를 만지기도 하고 눈을 비비기도 합니다. 이 아이들은 어떻게 될까요? 이런 경로를 통해서도 독감에 걸릴 수 있습니다.

2003년 홍콩의 한 아파트 한 동에 사스를 번지게 한 주범이 바로 엘리베이터였습니다. 인플루엔자 바이러스는 비말형태로 바닥이나 주변에 떨어져서 2시간에서 6시간 정도 전염력을 유지한다고 합니다. 그래서 비말 입자가 묻은 자리에 몇 시간 이내에 접촉을 하면 전염될 위험성이 있습니다. 엘리베이터가 아니더라도 수시로 여러 사람들이 열고 닫는 문 손잡이가 될 수도 있고, 마주보고 대화를 나누는 탁자가 될 수도 있고, 버스나 기차의 손잡이가 될 수도 있습니다. 우리는 우리도 모르는 사이에 손으로 눈을 비비기도 하고, 코를 만지기도 합니다. 그래서 항상 아이들에게는 놀이터에서, 학교에서, 학원에서 돌아오자마자 손을 씻으라 하고, 세수도 꼭 하라고 가르쳐야 합니다. 아이들에게 시키기 전에 우리들이 먼저 솔선수범해야 합니다. 독감은 사람을 차별하지 않습니다. 바이러스에겐 그저 똑같은 숙주일 뿐입니다.

인플루엔자의 감염력

보통 사람들은 바이러스 한 개라도 흡입해 몸에 들어가면 독감에 걸릴 것이라고 당연하게 생각합니다. 일반적으로 어떤 질병의 바이러스라도 그렇지 않습니다. 환경에 노출된 바이러스 입자의 대부분은 죽은 형태(전염력이 없는 형태)입니다. 이런 입자들이 독감을 일으킬 리 만무합니다. 그리고 사람의 선천적인 면역체계는 침입 병원체가 무혈입성 하도록 허술하게 성문을 열어 놓지 않습니다.

지금으로부터 30여 년 전에 고든 더글러스는 자원자를 모집해서 흥미로운 실험을 했습니다. 더글러스는 인플루엔자 바이러스가 얼마나 많이 코로 입으로 들어와야 독감에 걸리는지 알아보고자 했습니다. 지금 같으면 이런 무서운 실험을 할 수 있을지 모르겠습니다. 어쨌든 그는 인플루엔자 바이러스를 농도별로 자원자들의 코에 집어넣고 자원자들이 독감에 걸리는지 조사했습니다. 이 방법은 인플루엔자 바이러스가 비말입자에 묻어서 전염되는 방식을 고려한 것입니다. 최소한 수백 개의 바이러스 입자(127~320개)가 호흡기로 들어와야 독감에 걸릴 수 있다는 결과가 나왔습니다. 이보다 적은 숫자의 바이러스 비말이 코로 들어오면 사람의 면역체계가 충분히 격퇴할 수 있다는 얘기입니다. 건강한 사람을 기준으로 하는 말입니다. 바이러스에 노출되고도 독감에 걸리지 않는 사람이 매우 많다는 뜻입니다.

조류 독감에 걸리지 않는 이유

견고한 종간 장벽

지난 10여 년간 홍콩에서 출현한 H5N1 조류독감에 직간접적으로 노출될 위험에 있었던 사람들이 최소한 수백만 명에 이를 것이라고 추정하고 있습니다. 그럼에도 불구하고 실제 조류독감에 걸린 사람환자는 수백 명에 불과합니다. 한 달 만에 지구 전체를 뒤덮어 버린 신종 플루 전염과는 전혀 다른 양상입니다. 조류독감은 조류 바이러스이고, 신종 플루는 사람과 같은 포유류 바이러스이기 때문입니다. 조물주가 세상을 만들 때 존재하는 것에 대해 질서와 균형이라는 것을 심어 놓았습니다. 질서가 흐트러지면 곧바로 균형이라는 것이 나타납니다. 조류 바이러스는 조류에서 살아가도록 하였고, 포유류 바이러스는 포유류 동물 속에서 살아가도록 만들어 놓았습니다. 우리는 이것을 종간 장벽

(species barrier)[15]이라고 부릅니다.

조물주는 바이러스들의 질서를 세우기 위해서 그들이 살아가는 숙주세포에 현관문을 만들어 놓았습니다. 우리는 이 같은 현관문을 '수용체'라고 부릅니다. 세포 수용체라고 부르는 것은 바이러스가 숙주세포에 달라붙은 부위 구조물을 말하는 것입니다. 다시 말하자면 바이러스마다 현관문의 구조를 다르게 만들어 놓았다는 것입니다. 지구 최대의 현안질병 에이즈 바이러스가 그렇고, 최근 발병이 급증하는 간염A바이러스가 그렇고, 최근 판데믹을 일으킨 인플루엔자 바이러스가 그렇습니다. 바이러스 각자의 현관문을 다르게 만들어 놓음으로서 그들이 살아가는 삶의 터전도 여러 군데로 분산해 놓은 것입니다. 예를 들면 신경질환을 일으키는 광견병 바이러스는 신경전달물질인 아세틸콜린 수용체에 잘 달라붙도록 만들어져 있습니다. 사람에서 면역결핍을 일으키는 에이즈바이러스(HIV)는 면역세포(매크로파지, T세포, 덴드릭세포) 표면에 풍부하게 있는 키모카인 수용체(CCR5)에 잘 달라붙도록 만들어져 있습니다. 인플루엔자 바이러스가 세포로 들어가는 현관문은 시알릭산이라는 물질입니다. 이 수용체는 주로 점막이 있는 부위 예를 들면 눈 점막, 코 점막, 호흡기 점막, 소화기 점막 등에 있는 세포 표면에 발달되어 있는 수용체입니다.

이들 점막 부위는 모두 외부 환경과 부딪치는 일선이기 때문에 보다 안전하게 수용체에 자물쇠가 발달해 있습니다. 시알릭산 끝에 달라붙은 갈락토스(galactose)라는 당 성분이 그것입니다. 이것이 현관문 자

---

15) 종간 장벽(species barrier): 일반적으로 바이러스는 공생관계에 있는 자연숙주를 벗어난 새로운 종(species)에서는 전염이 잘 이루어지지 않는다. 이 현상을 종간 장벽이라 한다.

물쇠입니다. 시알릭산에 갈락토스가 어느 위치에 달라붙어 있는가에 따라 수용체 구조가 완전히 다르기 때문에 아무 바이러스나 들어올 수 없게 되어 있습니다.

조류 바이러스와 사람 바이러스는 잘 붙을 수 있는 수용체가 서로 다릅니다. 그들이 살아가는 터전인 숙주에 들어갈 때 처음 달라붙는 상피세포의 수용체에 맞게 바이러스 껍질 구조를 맞춤형으로 만들어 놓은 것입니다. 그래서 조류 바이러스는 사람의 호흡기 상기도 상피세포에 잘 달라붙지 못합니다. 그 세포에 제대로 달라붙지 못하니 숙주는 바이러스를 쉽게 제거할 수 있습니다. 어찌 보면 조물주가 이럴 땐 참으로 고맙습니다. 야생 물새와 같은 세포 수용체를 가지고 있다면 수많은 조류 바이러스의 공격에 시달렸을 것입니다.

조류독감의 감염 사례

지금까지 조금 어려운 내용이었을 것입니다. 조금 쉽게 세포 수용체와 관련하여 사례를 하나 들어볼까 합니다. 2003년 봄 네덜란드에 H7N7형의 조류독감이 발생한 적이 있습니다. 당시 감염 닭에 노출된 사람 환자가 89명이었습니다. 다행히 사람들 사이에 전염은 이루어지지 않았습니다. 앞에서도 설명했듯이 조류 바이러스이기 때문입니다. 그런데 흥미 있는 발견이 있었습니다. 감염환자 대부분이 일반적으로 독감에 걸리면 나타나는 증상이 거의 나타나지 않았습니다. 그 대신 이들 환자 대부분은 정도 차이는 있었지만 공통적으로 눈에 결막염을 앓았습니다. 사실 이런 결막염 증상이 조류독감 환자에서 처음이었던 것은 아닙니다. 홍콩에서 H5N1 조류독감 환자들 중 일부도 결막염을 앓았습니다. 왜 이런 일이 발생할까요? 조류 바이러스는 호흡기 상기도에는 잘 달라붙지 못하지만 눈 점막에는 달라붙을 수 있기 때문입니다.

닭을 안고 가는 농부. 사람이 닭과 엄청나게 가까운 존재이면서도 조류 독감에 걸리지 않는 이유는 종간 장벽 덕분이다.

이들 감염환자들이 어떻게 감염되었는지 내 나름대로 가상 시나리오를 만들어 봅니다. 감염 생닭의 분비물(호흡기나 분변)에는 엄청난 양의 바이러스가 들어 있습니다. 많게는 바이러스가 백만 개까지도 들어 있습니다. 그들은 그 닭을 만지면서 본의 아니게 그 분비물들이 손에 묻었을 것입니다. 그리고 그 손을 제대로 씻지 않은 채 눈을 만졌거나, 손을 씻으면서 세수하는 과정에서 눈에 바이러스가 잔뜩 들어갔을 것입니다. 우리는 이것을 접촉전염이라 부릅니다. 손을 자주 씻어야 하는 이유가 여기에도 있습니다.

조류독감이 사람에게 거의 전염되지 않고, 사람들 사이에서 거의 퍼지지는 않지만 그래도 감염환자가 생깁니다. 그래서 "그들은 왜 운이 없게도 독감에 걸렸는가?"에 대한 근본적인 물음이 나오게 됩니다. 일단 조류독감 환자로 진행되면 치사율이 60퍼센트나 됩니다. 조류독감 H5N1은 사람에게 엄청난 독성을 가지고 있기 때문입니다.

이들 환자들은 경제적으로 빈곤하고 개인 위생환경이 열악한 나라들에서 발생했고 대부분 급성 폐렴으로 사망하였습니다. 전문가들은 그 원인을 위에서 언급한 네덜란드 독감환자의 결막염 사례에서 찾고 있습니다. 사람에서도 조류 바이러스가 잘 달라붙을 수 있는 부위가 있는데, 그 부위가 눈과 폐 부위입니다. 이들 부위는 조류 바이러스가 좋아하는 시알릭산 수용체 구조를 가지고 있습니다. 그러나 조류 바이러스는 코나 목에는 달라붙지 못합니다. 그것은 수용체구조가 맞지 않기 때문입니다. 그래서 사람 사이에서도 전염이 거의 이루어지지 않습니다. 하지만 만약에 감염 닭의 분비물에 고농도로 바이러스가 들어 있고 이 바이러스가 들어 있는 작은 비말핵 입자(직경 5마이크로미터 이하)를 다량으로 흡입하였다면, 그 비말은 하부호흡기 즉 폐포에 직행하여 들어갈 수 있습니다. 마치 특수부대를 적진에 곧바로 투입하듯이 말입니다. 폐포 등 하부 호흡기에는 조류 바이러스가 좋아하는 시알릭산 수용체가 존재하므로 조류바이러스가 급속히 자랄 수 있고, 이것은 치사율 높은 치명적 독성의 원인이 됩니다. 이것이 조류독감 환자 발생과 관련하여 현재까지 가장 설득력 있게 받아들여지는 주장입니다.

신종 플루의 출현 과정

인플루엔자 바이러스의 특징

인플루엔자 바이러스는 바이러스 중에서도 매우 독특한 바이러스입니다. 바이러스가 가지고 있는 유전자를 여덟 개나 가지고 있습니다. RNA 형태에다 그것도 유전적으로 불안정한 한 가닥의 유전자이기에 바이러스를 불안정하게 만드는 요소라는 요소는 다 가지고 있습니다. 이것이 신종이나 변종을 만드는 밑천이 됩니다. 홍콩 조류독감을 가리켜 H5N1형이라고 말합니다. 2009 신종 플루를 H1N1형이라 말합니다. 이런 분류법은 바이러스 외부 껍질에 밤송이가시처럼 튀어나와 있는 HA단백질과 NA단백질의 종류에 따른 것입니다. 그만큼 인플루엔자 바이러스의 성격을 나타내는 데 HA와 NA단백질이 결정적이라는 것입니다.

앞에서 언급했듯이 HA단백질은 숙주세포에 달라붙을 때 세포 수용체에 달라붙는 부위입니다. NA단백질은 바이러스 감염세포에 다른 바이러스 입자가 달라붙거나 숙주세포에서 새끼 바이러스를 방출할 때 시알릭산 수용체의 연결 고리를 끊어주는 역할을 합니다. 그래서 숙주동물은 자신을 보호하기 위해서 HA단백질이나 NA단백질이 기능을 못하도록 항체를 통해서 면역체계를 가동시킵니다. 이 항체들은 HA단백질에 달라붙어서 바이러스가 세포 표면에 달라붙지 못하게 하거나 NA단백질에 달라붙어서 감염세포에서 만들어진 새끼 바이러스들을 방출시키지 못하도록 합니다. 그래서 A 바이러스(그 해 겨울에 유행할 것을 예측하고 사용함)를 죽여서 제조한 백신으로 주사 맞았다면 몸 안에 A 바이러스에 대한 항체가 만들어집니다. 그 상황에서 겨울에 유행하는 A 바이러스에 걸리더라도 바이러스는 몸 안에서 제대로 증식하지 못하게 됩니다. 즉, 독감에 걸리지 않게 됩니다. 이것이 백신면역에 의한 예방효과입니다.

그런데 왜 신종이나 변종 바이러스가 출현하는 것일까? 이것은 기본적으로 바이러스가 자연숙주를 떠나 새로운 숙주에서 생존하기 위한 처절한 몸부림 중 하나입니다.

인플루엔자 바이러스는 기본적으로 RNA 유전자를 가진 바이러스이며, 이 RNA 유전자를 복제할 폴리머라제[16]를 가지고 있습니다. RNA 바이러스들이 가지고 있는 폴리머라제의 치명적인 단점은 RNA 유전자를 복제하는 과정에서 간혹 한두 개 핵산을 잘못 복제하는 등 유전

16) 폴리머라제(polymerase): 유전자 핵산을 복제하는 단백질을 일컬으며, 독감 바이러스의 경우 RNA의존성 RNA 폴리머라제(RNA dependent RNA polymerase, RdRp)를 가지고 있다.

자 복제 실수가 잦다는 것입니다. 인플루엔자 바이러스의 경우 유전자 복제 실수가 나올 확률은 핵산 염기당 십만분의 5이상($\geq 5 \times 10^{-5}$) 되는 것으로 알려져 있습니다. 이것은 바이러스 유전자가 한 번 복제될 때마다 핵산 염기 하나 정도가 엉뚱한 핵산염기로 불량 복제되는 정도의 높은 수준입니다. 이것이 바이러스 껍질 단백질 구조에 큰 영향을 미치는 경우가 발생하면 변종 바이러스가 만들어지는 것입니다.

감염세포에서 바이러스가 복제 증식되는 과정에서 자주 기형적인 바이러스가 만들어지는데 이들 바이러스들은 대개 부실해서 정상적으로 만들어진 새끼 바이러스들과의 생존경쟁에서 뒤떨어져 도태됩니다. 특히, 바이러스 껍데기에 있는 HA단백질이나 NA단백질 구조에 변화가 없는 경우라면 독감주사를 맞았을 때 세포 바깥에 돌아다니는 인플루엔자 항체에 의해 적발되어 제거되게 됩니다. 그런데 확률이 매우 낮지만 복제 실수가 발생하여 바이러스 껍질 단백질의 구조를 바꾸어 버린다면, 그래서 그 바이러스가 탁월한 생존능력을 획득하게 된다면 문제는 달라집니다. 이 변종 바이러스는 세포 바깥에서 순찰하며 돌아다니는 인플루엔자 항체라는 무서운 경찰에 마주치는 공포에서 벗어날 수 있습니다. 왜냐하면 기존의 인플루엔자 항체는 껍질이 틀린 변종 바이러스를 인식하지 못하기 때문입니다. 마치 경찰이 포위망을 쳤지만 위장한 범인을 놓치듯 말입니다. 반대로 숙주세포에서 만들어진 정상적인 바이러스 입자들은 노출되는 즉시 인플루엔자 항체가 달라붙어 바로 제거되어 버립니다. 이러한 상황이 반복적으로 지속되다 보면 변종 바이러스의 양은 점점 증가하게 되어 유행하는 전체 바이러스들 중에서 차지하는 비중이 점점 증가하게 됩니다. 결국 변종 바이러스는 유행 바이러스의 대표 주자가 됩니다. 우리는 변종 바이러스가 출현하는 이러한 항원 변이 과정을 항원 소변이라고 말합니다.

인플루엔자 바이러스는 이러한 항원 소변이 과정을 통하여 사람이라는 숙주들 사이에서 장기간 동안 생존할 수 있는 전략을 가지게 되는 것입니다. 그래서 사람들은 생애 동안 반복적으로 다른 항원성을 가진 인플루엔자 바이러스들에 의해서 반복적으로 재감염되는 것입니다. 그래서 매년 유행성독감 백신으로 예방주사를 맞아도, 바이러스에 항원 소변이가 일어나서 유행바이러스가 바뀌면, 또 예방을 위해 백신 종자 바이러스를 바꾸는 과정이 반복적으로 이루어집니다. 마치 숨바꼭질 하듯이 지금 이 순간에도 숙주와 바이러스 간에 소리 없는 전쟁이 벌어지고 있습니다. 어찌되었건 간에 항원 소변이가 일어난다는 것은 숙주와 공생할 수 있는 합의가 완전히 이루어진 것은 아니지만 기본적으로 바이러스가 사람이라는 숙주들 사이에서 생존해서 적응하는 과정입니다.

아주 우연한 기회이겠지만, 한 숙주에 서로 다른 두 인플루엔자 바이러스가 동시에 감염될 수 있습니다. 서로 전혀 다른 항원성을 가진 바이러스, 예를 들면 사람 바이러스와 다른 포유동물 바이러스들 사이라면 가능한 일입니다. 왜냐하면 항원성이 비슷하면 서로 견제를 하지만 항원성이 다르면 서로 견제할 면역 수단이 없기 때문입니. 한 숙주에 두 가지 바이러스가 동시 또는 약간의 차이를 두고 감염되면 바이러스가 증식하는 부위가 같아서 한 세포에서 두 가지 바이러스가 같이 복제 증식하게 됩니다. 그때 세포에서 복제하는 동안 두 가지 바이러스의 유전자들이 서로 뒤엉키는 돌발적인 상황(유전자 재조합)이 발생하게 됩니다.

우리는 이와 같이 유전자 자체가 바뀌어 버리는 과정을 가리켜 항원 대변이라고 부릅니다. 이러한 유전자 바꿔치기가 일어나면 여러 가지 유전자 조합의 바이러스가 만들어질 수 있습니다. 그렇게 해서 출현한 잡종 바이러스들은 독성이 더 증가된 바이러스일 수도 있고, 반대로 독성이 현저히 감소된 형태일 수도 있습니다. 숙주 영역이 더 넓어질 수 있고, 오히려 더 좁아질 수 있을 것입니다. 그러한 다양한 재조합 중에서 바이러스 껍질 단백질이 다른 바이러스 껍질의 것으로 완전히 바꿔치기 되는 경우가 생길 수 있습니다. 이러한 항원 대변이 과정은 사람에서 신종 바이러스가 출현하고 그 바이러스가 사람들 사이에서 적응해서 판데믹을 일으키는 원인이 됩니다.

가장 최근의 사례인 2009년 신종 플루 바이러스를 사례로 들어 보겠습니다. 이 바이러스는 북미지역에서 유행하는 돼지 바이러스와 유라시아 대륙에서 유행하는 돼지 바이러스가 어떤 알려지지 않은 포유동물에 동시에 감염되어 두 바이러스 간에 유전자 바꿔치기가 일어난 것입니다. 쉽게 말해서 돼지 바이러스끼리 유전자 재조합이 일어나서 사람으로 넘어온 것입니다. 어떤 사람들은 유전자의 원래 기원은 조류라고 말합니다. 어떤 사람들은 조류, 사람, 돼지 바이러스가 혼합된 재조합바이러스라고도 말합니다. 물론 틀린 것은 아니나, 이들 유전자를 가진 바이러스들이 최소한 수십 년 전에 이미 돼지로 넘어온 것입니다. 그리고 이들 유전자가 어떤 포유동물에서 서로 재조합이 일어나서 오늘날 신종인플루엔자 바이러스가 출현한 것입니다.

1997년 홍콩에서 발생한 조류독감 H5N1의 경우 기러기, 메추라기, 물오리의 3종의 바이러스가 한꺼번에 서로 섞여 출현한 3종 혼합 유전자재조합 바이러스입니다. 이 재조합 바이러스가 어느 조류에서 만들어졌는지 아직까지 알려져 있지 않습니다. 어찌되었건 어떤 조류에서 재조합이 일어나서 홍콩독감 바이러스가 만들어졌고, 그것이 닭을 죽이고 간혹 사람에서 독감을 유발했습니다. 그 당시 이 바이러스는 닭 100만 마리를 감염시켜 죽이고, 사람 18명을 감염시켜 이 중 6명을 사망케 했습니다.

인플루엔자 바이러스의 근원

철새를 따라 찾아오는 바이러스들

매년 가을이 오면 철새도래지에서는 한국을 방문한 북쪽 손님 철새들의 엄청난 군무를 볼 수 있습니다. 특히 노을이 지는 것을 배경으로 보는 장관은 사람의 마음을 압도하게 만듭니다. 21세기에 들어서면서 한국에서도 조류독감이라는 전염병 발생사건을 겪는 불행한 일들이 있었습니다. 전염병을 전문적으로 연구하는 사람들은 발생 유입 원인으로 한결같이 물에 사는 야생오리나 기러기같은 철새류를 지목하고 있습니다. 사실 철새들은 죄가 없습니다. 철새의 입장에서 보면 갑작스런 범인 취급이 억울할 수 있습니다. 이들 철새들은 최근에서야 갑자기 그들의 생활터전에 문제가 발생하여 바이러스를 갖고 돌아다닌 것이 아닙니다. 인간이 기록한 역사만큼이나 오랜 기간 동안 야생물새들은 조류인플루엔자 바이러스를 가지고 다녔습니다.

사실 물에 서식하는 야생조류(특히 오리와 거위류)는 인플루엔자 바이러스 A형의 모든 아형(1형에서 16형까지)을 가지고 있습니다. 그러나 이들 야생조류들은 인플루엔자 바이러스를 가지고 있지만 바이러스가 숙주 안에서 무리하게 자라지 않습니다. 그래서 숙주는 바이러스를 가지고 있어도 아프지 않습니다. 증상을 나타내지 않습니다. 숙주를 죽이지도 않습니다. 숙주가 죽는 순간 바이러스도 죽거나 다른 숙주를 찾아 떠나야 합니다. 이러한 자연숙주와 바이러스 간의 관계는 서로에겐 합리적인 공생관계입니다. 그래서 야생조류는 무리하게 면역체계를 가동하지 않으며, 바이러스는 굳이 숙주의 면역체계를 벗어나기 위해 무리한 항원 변이를 일으킬 필요가 없습니다. 그래서 물새류의 야생조류는 인플루엔자 바이러스를 담아 놓은 '자연용기(natural reservoir)'라 불립니다.

인플루엔자 바이러스들은 야생조류들의 소화 장기에서 잘 증식합니다. 야생동물의 소화 장기에 있는 점막세포들에는 바이러스가 달라붙는 시알릭산 수용체가 많이 발달해 있습니다. 사람이나 다른 포유동

바이러스 보관 창고. 바다나 호수는 물의 저장소이지만 철새나 물새류는 바이러스의 저장소이다.

물에서는 호흡기관에서 증식하는 것을 선호하지만 말입니다. 바이러스가 좋아하는 증식 부위에서 차이가 나기 때문에 전염되는 방식도 차이가 납니다. 포유동물은 호흡기를 통한 전염이 일반적이지만, 야생조류에서는 분변을 통한 전염이 일반적입니다. 왜냐하면 바이러스가 배출되는 주된 통로가 분변이기 때문입니다. 야생조류의 장에서 증식한 바이러스가 분변을 통해 배설되고, 분변이 묻은 물이나 먹이 등을 입으로 섭취하는 과정에서 다른 야생조류들이 자연스럽게 전염됩니다. 이러한 전염방식이 유지되는 데 가장 좋은 환경은 고여 있는 물이라는 생활 터전입니다. 또한 인플루엔자 바이러스는 약한 바이러스입니다. 실온에서는 며칠 살아 있지 못합니다. 물에 배출된 후 며칠 이내에 바이러스들은 다시 다른 숙주 개체로 옮아가야 합니다. 이런 기회를 높이고, 그러한 사이클을 지속적으로 유지하기 위해서는 수많은 개체들이 무리지어 물에 서식하는 조건이 필요합니다. 이러한 전염방식과 생활 터전 방식을 구비한 것이 물에 서식하는 야생 오리류입니다. 이들 야생 오리들이 가장 중요한 인플루엔자 자연숙주이며, 바이러스를 자연 속에서 안정되게 보관하는 자연용기입니다.

겨울 철새들은 여름에 북극권 호수에서 번식기를 보내며 살고, 겨울에는 월동을 위해 남하합니다. 북극권의 호수는 거의 대부분 얼어 있습니다. 얼음이 해동되어 있는 여름 기간에는 겨울 철새들이 이곳 호수들에서 번식기를 보냅니다. 호수에 얼음이 얼기 시작하면 철새들은 바이러스를 얼어 있는 호수에 배설해 놓고 유유히 남하하여 월동을 합니다. 겨울 동안 호수 얼음 속에서 바이러스는 온전하게 전염력을 유지하게 됩니다. 그러다가 다시 여름이 오면 남하했던 야생조류들은 그들이 태어났던 삶의 터전인 호수를 찾아 돌아옵니다. 이들 조류들은 새로 태어나 인플루엔자 면역이 없는 어린 조류들이거나, 수개월의 남하 공백 기간으로 인하여 인플루엔자 면역이 현저히 낮아 있는 새들입니다. 그래서 호수에 있는 인플루엔자 바이러스에 쉽게 감염될 수 있습니다. 이러한 사이클을 반복하면서 인플루엔자 바이러스는 그들의 삶을 살아가고 유지해 나갑니다. 그러므로 북극권의 호수는 인플루엔자 바이러스가 지구상에 존재하는 데 매우 훌륭한 보관창고 역할을 해 오고 있는 것입니다. 시베리아 지역의 호수들은 유라시아 지역에서 돌아다니는 인플루엔자 바이러스들에 대한 보관창고 역할을, 북극권 알래스카 중부지역의 호수들은 북미지역에 돌아다니는 인플루엔자 바이러스에 대한 보관창고 역할을 충실히 하고 있습니다.

바이러스가 본의든 본의 아니든 자연숙주를 떠나 또 다른 숙주를 찾아 스필오버하는 경우가 있습니다. 이때 바이러스는 숙주의 면역체계를 극복하거나 회피하려고 하고, 숙주는 바이러스에 대한 면역체계를 가동하여 대항합니나. 바이러스가 일방적으로 이기면 숙주 개체수가 크게 줄어들고, 숙주가 일방적으로 이기면 바이러스는 찻잔 속의 태풍처럼 이내 사라집니다. 이 과정에서 바이러스든 숙주이든 간에 결국 공존의 문제를 해결하기 위해 둘 다 선택과 적응이라는 과정을 거치게 됩니다. 그러면서 바이러스는 병원성이 약화되는 방향으로 흐르게 됩니다. 사람에서의 판데믹을 일으킨 인플루엔자가 전형적인 사례입니다. 판데믹을 일으키는 바이러스는 처음엔 사람에서 생소하기 때문에 치명적인 독성을 발휘하다가 점점 사람 면역체계에 적응되어 평범한 독감 바이러스로 변해 버렸습니다. 인류역사에서 인플루엔자 바이러스는 여태까지 그래왔습니다.

그러나 새로운 숙주에 적응하는 것이 서툴러 그 숙주에 치명적인 결과를 초래하는 경우도 있습니다. 대표적인 사례가 조류독감이라 말하는 '고병원성 조류인플루엔자'입니다. 닭은 오리와 같은 조류이지만 오리와는 엄연히 종이 다릅니다. 닭은 비록 자연숙주가 아니지만 같은 조류종이다 보니 포유동물에 비해 조류독감 바이러스가 야생조류로부터 상대적으로 쉽게 넘어올 수 있습니다. 그래서 닭은 자연숙주의 편이 아니라 우연숙주의 편에 있게 되어서 조류독감 바이러스의 애꿎은 희생양이 된다는 이야기입니다. 알다시피 우리나라에서도 21세기 들어서면서 세 번의 끔찍한 조류독감 피해를 겪었습니다. 야생조류(자연숙주)에서 살던 인플루엔자 바이러스가 닭이라는 새로운 조류 숙주로 넘어가면서 조용하게 살아가는 닭들을 무참히도 죽여 버렸습니다. 그런 닭을 조사해 보면 죽은 닭들은 내부 장기가 대부분 출혈로 망가져 있고, 이들 장기에는 조직 1그램당 수백만 개가 넘는 바이러스로 가득 차 있습니다. 장기 조직이 바이러스 덩어리로 넘쳐나고 있다는 이야기입니다. 바이러스의 관점에서 보면 자연숙주인 야생오리를 버리고 쉽게 죽어버리는 닭으로 넘어가는 것 자체가 수지타산이 맞지 않습니다.

이와는 반대로 일단 새로운 숙주로 넘어간 바이러스가 독성을 가지고 다시 원래의 자연숙주로 넘어와 자연숙주들을 공격하는 경우가 발생하게 되는데 이것을 우리는 '스필백(spillback)'이라 부릅니다. 이것은 바이러스와 숙주 간 공생관계를 해치는 관계로 발생할 수 있습니다. 고병원성 조류인플루엔자가 이 스필백의 사례도 보여줍니다. 숙주와 바이러스 간 공생관계가 균열하는 조짐은 2002년 홍콩에서 나타났습니다. 2002년 11월 말 홍콩 펜폴드 자연공원과 콜롱 자연공원에서 고원성 조류인플루엔자가 발생하여 오리, 거위, 백조, 플라맹고, 황새, 갈매기 등 야생조류들을 떼죽음으로 몰고 갔습니다. 원래 이들 조류 종들 대부분은 인플루엔자에 저항성이 강한 야생조류들이었습니다.

고병원성 조류인플루엔자가 닭에서 대량 폐사를 일으키는 것은 당연하였으나, 야생 조류 종들을 집단적으로 폐사시킨 경우는 그 이전에 유례를 찾기 힘들 정도로 매우 이례적인 일입니다. 기본적으로 1997년 홍콩 조류독감 H5N1 출현 이후 항원변이(유전적인 변화)가 극심하게 진행되는 과정 중에 나타난 것입니다. 항원변이가 극심하다는 것은 새로운 숙주에서 바이러스가 살아남으려는 몸부림이기도 합니다. 그러한 변화가 심하게 이루어지는 경우 어떤 방향으로 불똥이 튈지 예측하기 힘들게 됩니다. 이 사건은 많은 전문가들을 긴장하게 만든 사건이었습니다. 이 사건을 일으킨 주범은 닭과 같은 가금류에서 유행하던 H5N1 홍콩 조류독감의 변종 중 하나가 야생조류로 넘어가면서 야생조류에 치명적으로 돌변한 사건이었기 때문입니다.

중국 내륙의 대표적인 천연자연 보존지역인 칭하이 호수가 있습니다. 이곳은 야생조류 종들이 집단으로 거주하는 철새 이동의 요지입니다. 이곳 칭하이 호수에서 조류독감 역사상 매우 중요한 사건이 발생합니다. 2005년 4월에 칭하이 호수에서 대표적인 철새 종인 인도기러기 등을 포함하여 수천 마리의 야생 철새가 떼죽음을 당했습니다. 이 떼죽음의 원인은 2002년 말 홍콩에서 야생조류들을 떼죽음으로 몰고 간 고병원성 조류인플루엔자였습니다. 그해 여름과 초가을에 이 바이러스는 처음으로 지역적으로 인접한 몽골, 카자흐스탄, 시베리아 남부지역까지 퍼져 나갔습니다. 곧이어 철새 이동경로를 따라 2005년 말에는 터키, 루마니아, 크로아티아, 크레미안 반도에서 발생했습니다. 몽골과 크로아티아를 제외한 모든 발생 사례에서는 닭 농장과 야생조류에서 모두 발견되었습니다. 고병원성 조류인플루엔자의 발생지역은 범위를 무섭게 넓혀갔습니다. 특히, 세계 여러 나라에서의 죽은 백조의 발견은 철새가 고병원성 조류인플루엔자를 대륙에서 대륙으로 지역에서 지역으로 옮겨 놓는 주도적인 역할을 하고 있다는 주장에 힘을 실어주는 결정적 계기가 되었습니다.

야생 백조는 인간에게 경고한다

영국 측 연구기관과의 공동연구 체결 건과 관련하여 며칠간 런던을 방문했던 2005년 4월 초입니다. 영국 런던의 버킹검 궁전 앞 벚꽃이 인상 깊게 피어 있는 공원 호수에서 백조 한 마리가 한가로이 거닐고 있었습니다. 참으로 아름다운 백조입니다. 지나가던 사람들이 그 아름다운 자태와 한가로움을 감상할 법도 하건만 구경하는 이도 관심을 가지는 이도 없었습니다. 잠시였지만 난 외로운 구경꾼이 되었습니다. 아무런 영문도 모르는 이 백조는 그렇게 사람들의 관심을 받지 못하고 있었습니

영국의 백조들. 영국 전역을 떠들썩하게 했던 장본인들이기도 하다.

다. 엄밀히 말하자면 외로워진 게 아니라 인간으로부터 자유로운 대접을 받고 있다는 것이 맞을 것 같습니다.

스코틀랜드 에든버러 근처 파이프라는 지역 해변에 조류독감에 걸려 죽은 야생백조 폐사체가 발견되어 영국이라는 나라 전체가 난리가 났던 바로 그 시기였습니다. 야생백조가 방송 뉴스의 주인공으로 자리 잡은 시기였습니다.

"도대체 백조가 어디서 조류독감을 묻혀 왔느냐?"

"앞으로 영국에서 무슨 일이 일어날까?"

심지어 "영국의 그 많은 공원 호수에 유유히 거니는 백조들은 문제가 없느냐?"

그리고 "그 백조를 음미하며 즐긴 우리 영국인들은 문제없는가?"

영국 언론에서 야생 백조는 폭발적인 관심 대상이었습니다.

어느 나라이든지 국민성이 어떠하든지 세상일이라는 것이 다 그런가 봅니다. 매우 가능성이 낮은 문제라도 나 자신에게 현실적으로 다가왔을 때 나를 중심으로 한 온갖 상상을 하고 그것을 과대평가하기 마련입니다. 만약에 그것이 합리성과 논리성으로 포장되면 인간이 가지고 있다는 그 이성적 합리성도 마비시키는 무서움으로 돌변합니다. 물론 영국에서 백조 한 마리 죽은 데서 모든 상황은 끝이 났습니다. 그 몹쓸 병에 대한 대단했던 관심은 흔적조차 없이 그들의 기억 속에서 지워져 버렸습니다. 사실 그것은 근처 닭이나 사람에서 문제가 발생하지 않도록 보이지 않은 엄청난 노력을 기울인 결과물입니다.

몽골 울란바토르에서 북서쪽 방면에 혼트 호수(백조의 호수)가 있습니다. 2006년에 이 백조의 호수에 있던 백조들이 조류독감에 걸려 희생되었습니다. 2007년에 조류독감 공동연구차 몽골 연구원들과 같이 이곳 호수를 방문한 적이 있습니다. 수도 울란바토르에서 백조의 호수까지 자동차로 꼬박 하루가 걸린 장거리 여정이었습니다. 백조의 호수는 끝없이 넓은 초지에 마치 구덩이를 하나 파 놓은 것 같은 호수였습니다. 조류독감 당시 발견한 사람들이 죽은 백조를 만지거나 처리하는 것을 몹시 꺼려했다고 합니다. 몽골 연구원의 말을 빌리자면 몽골에서는 백조라는 동물이 영적인 신비한 존재였기 때문입니다.

2006년 마지막 달 세계농업식량기구 전문가의 갑작스런 한국 방문이 있었습니다. 당시 한국에서는 조류독감 발생으로 질병확산을 방지하기 위해 총력전을 펼치고 있었습니다. 조류독감을 한반도로 가져온 주범으로 철새를 지목하고 있던 시기였습니다. 그는 몽골 등 동북아시아 지역에서 백조에 위성추적 장치를 달아서 백조의 이동경로와 조류인플루엔자를 추적하는 프로젝트를 진행하고 있던 전문가였습니다. 공교롭게도 그는 그 시기에 자신이 추적하는 백조들 중 일부가 한국의 조류독감 최초 발생지역 근처에 머문 흔적을 발견했습니다. 그래서 그는 당장 한국으로 와서 발생지 주변에서 무슨 일이 있었는지를 조사해야 한다는 의무감을 가진 것 같습니다. 물론 단기간에 야생철새의 역할을 규명한다는 것이 낙타가 바늘구멍 통과하기만큼이나 어렵다는 것을 알고 있었습니다. 실제로 한국 연구진들과의 공조를 통해 야생조류 검사를 했지만 결국 조류독감을 일으킨 주범 바이러스를 찾지는 못했습니다. 만약 찾았다면 그의 성과는 국제적으로 많은 관심과 조명을 받았을 것입니다.

야생백조는 다른 야생조류들과는 달리 조류독감에 유달리 취약합니다. 그래서 조류독감에 걸린 백조들이 세계 곳곳에서 힘없이 쓰러져 죽은 채 발견됩니다. 이 백조들도 닭과 마찬가지로 조류독감 유행의 희생양이었습니다. 2005년에는 몽골에서, 2006년엔 중동 이란과 영국 등 유럽에서, 2007년엔 러시아에서, 2008년엔 이웃 일본에서 야생 백조들은 호숫가에서 해변에서 희생된 채 발견되었습니다. 그러나 이들 백조가 왜 조류독감에 감염되면 치명적인지는 제대로 밝혀내지 못하고 있습니다.

2008년 봄, 일본 아키다 현 한 호수에서 백조들이 조류독감에 걸려 죽은 채 발견된 사건이 발생했습니다. 이 사건은 백조들이 조류독감 전파나 유행에 어떤 역할을 하고 있는지를 암시하는 일종의 힌트를 주었습니다. 이들 백조들은 2007년 10월에 일본으로 날아와서 월동을 하던 새들이었습니다. 몇 달 동안 그 호수에서 문제없이 지내다가 갑자기 조류독감에 걸려 죽었습니다. 백조들이 일본으로 월동하러 들어올 때 조류독감바이러스를 가지고 들어오지 않았다는 것을 의미합니다. 만약 가지고 들어왔다면 조류독감에 취약한 백조들이 한참 전에 죽은 채 발견되어야 하기 때문입니다. 당시 일본 가금 농장들에서는 조류독감 발생이 전혀 없었습니다. 백조에서 분리된 바이러스는 동남아시아지역에서 유행하던 바이러스였습니다. 이웃인 한국과 러시아에도 비슷한 시기에 동시에 조류독감이 터졌습니다. 이러한 정황을 종합하여, 아마도 백조들이 서식하던 호수에 동남아시아 쪽에서 날아온 여름철새(어떤 종인지는 모르지만)가 가져온 조류독감 바이러스에 의해 희생되었다는 주장이 일리가 있어 보입니다.

백조는 조류독감에 의해 처절하게 쓰러진 희생양이지만 조류독감이 어디로 가고 있는지 어디에 머물고 있는지 인간에게 일종의 경고문을 남겨 놓았습니다. 세계 여러 나라에서 조류독감이 어디로 돌아다니고 있는지 조사하기 위해서 백조를 이용하고 있습니다. 이들 백조는 지금도 위성추적 장치를 달고 다니면서 조류독감이 어디에서 인간이 사는 사회를 향해 호시탐탐 기회를 노리고 있는지 감시하고 있습니다. 본의는 아니겠지만 인간을 위한 백조들의 노력과 희생에 경의를 표합니다.

조류독감은 판데믹으로 발전할 것인가

흥미로운 믹서기 이론

인플루엔자 바이러스의 경우 동물마다 고유의 인플루엔자들이 있습니다. 그 범주 내에서 주로 삶의 터전을 잡고 살아가고 있습니다. 사람에는 사람인플루엔자가 유행하고 있습니다. 돼지에는 돼지인플루엔자가 있습니다. 말에는 말인플루엔자가 있습니다. 심지어 고래에도 고래인플루엔자가 있습니다. 그리고 야생조류에는 조류인플루엔자가 있습니다. 앞서 설명한 바와 같이, 사람 바이러스는 조류에 쉽게 전염되지 않으며, 반대로 야생조류바이러스도 사람에게 쉽게 전염되지 않습니다. 왜냐하면 사람과 조류가 가지고 있는 세포 수용체의 구조가 근본적으로 다르기 때문입니다. 조류바이러스는 조류의 세포 수용체에 맞게, 사람 바이러스는 사람의 세포 수용체에 맞게 서로 진화하고 적응되어 왔습니다. 그러나 이들 바이러스는 그들 고유의 숙주 영역에만 머물러 살아가고 있는 것이 아니라 가끔씩 스필오버가 일어나서 새로운 숙주와의 생존 전쟁을 치릅니다.

현재까지 이루어진 전염병 판데믹에 관여한 인플루엔자 바이러스들의 유전자 족보들은 처음에 야생조류가 가지고 있는 바이러스에서 유래된 것입니다. 이 조류인플루엔자가 어떻게 사람에게로 넘어오게 되었는지에 대한 연구들이 이루어지고 있습니다. 이 과정을 설명하는 것이 이른바 '믹서기(mixing vessel)' 이론입니다. 사람과 야생조류의 바이러스는 기본적으로 서로 다른 세포 수용체를 가지고 있어서 곧바로 조류에서 사람으로 종간장벽을 넘을 수가 없습니다. 따라서 이들 간에 매개체가 필요하며, 그러한 매개체는 사람과 조류의 세포 수용체 모두를 가지고 있는 동물이어야 한다는 이론입니다. 이 믹서기 이론은 크리스토프 스콜티세크가 실험실 배양세포를 이용하여 종간장벽 실험 결과를 발표하면서 처음으로 제안한 것입니다. 다시 말해, 특정 동물이 조류 바이러스와 포유류 바이러스를 같이 버무려서(재조합 과정을 거쳐서) 전혀 새로운 형태로 만들고 이것이 사람에게 쉽게 넘어가서 새로운 전염병이 된다는 이야기입니다.

이러한 믹서기 이론은 신종 플루 바이러스에도 적용됩니다. 사람에게 감염되니 겉보기에는 사람인플루엔자 바이러스입니다. 그러나 자세히 유전자 분석을 해서 보면 그러한 바이러스 유전자 족보가 밝혀집니다. 현재 유행하는 신종 플루는 4개의 각기 다른 족보를 가진 인플루엔자 바이러스가 서로 섞여 생겨난 4종 혼합 인플루엔자 바이러스입니다.

조류에서 시작된 서로 다른 4개의 조류 바이러스들이 조류, 사람, 돼지를 거쳐 최종적으로 지금의 신종 인플루엔자 바이러스의 8개 유전자를 구성하고 있습니다. 마치 여러 바이러스를 믹서기에 집어넣고 갈아서 만든 것처럼 말입니다.

인플루엔자 바이러스들을 서로 섞는 믹서기 역할을 할 수 있는 동물들은 많이 있습니다. 사람도 그 후보가 될 수 있습니다. 예를 들어 사람은 돼지 바이러스와 사람 바이러스를 서로 섞을 수 있습니다. 야생조류는 조류 바이러스를 서로 섞을 수 있습니다. 홍콩 조류독감이 그 사례입니다. 돼지는 조류 바이러스를 사람이나 돼지 바이러스와 같이 섞을 수 있고, 그래서 조류 바이러스가 사람으로 넘어올 수 있게 만듭니다. 사람, 돼지 그리고 조류를 같이 사육하는 독특한 사육구조를 가진 중국 남부지역에서 이러한 유전자 재조합 과정을 거친 바이러스가 출현하는 사례가 많이 관찰되고 있습니다. 1998년 미국에서 나타난 돼지 바이러스도 사람의 바이러스와 유전자 재조합을 거친 뒤 추가로 조류 바이러스와 한 번 더 재조합된 것이었습니다.

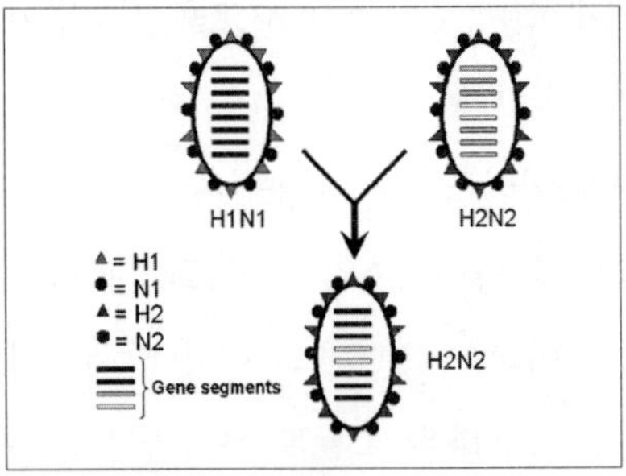

유전자 재조합. 바이러스는 유전자 교환을 통해 재조합되며 이 때 새로운 강력한 독성이 등장하기도 한다.

이렇게 재조합된 바이러스는 이전과는 달리 강력한 독성을 갖고 나타나기도 합니다. 2009년 신종 플루의 경우 자체의 돌연변이도 우려되긴 하지만, 다양한 바이러스를 버무리는 믹서기 동물들에 의해 유전자 재조합이 이루어져 독성이 한층 강화된 신종 바이러스가 출현할 수 있기 때문에 우려되고 있습니다. 각 국가에서 치료법의 개발뿐만 아니라 믹서기 역할을 할 수 있는 동물들에 대한 검역과 방역을 강화하고 있는 이유도 여기에 있습니다.

재조합된 바이러스의 위험성

1997년 홍콩에서 발생한 고병원성 조류인플루엔자로 홍콩지역의 닭 150만 마리가 죽었습니다. 이어 그해 연말까지 총 18명의 홍콩 거주민 독감 환자가 생겨나 이 중 6명이 사망하는 사건이 발생하였습니다. 사실 이전까지는 H5형 인플루엔자 바이러스가 사람에서 치명적인 독성을 보인 사례가 없었습니다. 이렇게 재조합된 조류독감이 닭에서처럼 사람에게도 치명적인 전염병으로 나타날 가능성은 없는 걸까요?

1997년 처음 출현했을 때 조류독감 H5N1 바이러스는 1996년 광둥 성의 기러기에서 분리된 인플루엔자 바이러스에, 홍콩 메추리에서 분리된 바이러스, 그리고 야생오리에서 분리된 바이러스가 서로 섞여서 만들어진 재조합 조류 바이러스였습니다. 그러나 정작 3종의 바이러스를 가지고 유전자 재조합을 한, 그러니까 믹서기 역할을 한 조류종이 무엇인지 아직 밝혀져 있지 않습니다. 이 바이러스는 재조합 과정을 거친 후 홍콩에서만 백만 마리가 넘은 닭들을 죽게 만들었고, 사람을 일부 독감에 걸리게 했습니다.

사실 홍콩에서의 사람 발생 사례가 있기 전에도 고병원성 조류인플루엔자는 수의학 분야에서 매우 중요한 질병이었습니다. 고병원성 조류 인플루엔자가 일단 발병하면 몇 주 이내에 닭을 100퍼센트 전멸시키기 때문입니다. 그로 인해 발생하는 경제적 피해 규모가 엄청나지요. 일례로 2008년 봄 국내에서 42일간 발생한 고병원성 조류인플루엔자로 인해 약 6,300억 원의 경제적 피해가 발생했습니다. 당시 전국에서 두 달 동안 33건의 발병 사례가 있었고 가축 사육하는 950농가의 가금류가 감염 또는 감염위험 때문에 도태되었습니다. 이로 인해 사료업체, 동물약품 업체, 도계장, 육가공업체 등에서도 매출 감소가 있었습니다. 그 기간 동안 외식업체 매출이 전년도 대비 20~60퍼센트까지 감소하였으며 3,200여 외식업소가 폐업 신고를 했다고 합니다. 다행히도 이 파동은 단 두 달 만에 모두 끝이 났습니다. 고병원성 조류인플루엔자 발생국가 대부분이 아직도 질병을 근절하지 못하고 있기 때문에 국제기구에서는 한국을 타 국가의 모범이 된다고 말합니다. 그렇지만 두 달간에 걸친 피해는 적지 않았습니다. 이와 같이, 축산업과 관련된 분야는 경제규모에 비해 관련 종사자들이 많은 분야 중 하나이기 때문에 가축전염병에 따른 피해는 많은 사람들이 먹고 살아가는 데 영향을 미칩니다. 그래서 고병원성 조류인플루엔자는 전염병 발생이 의심되면 무조건 방역당국에 신고해야 하는 의무적인 신고 대상 질병입니다. 그리고 고병원성 조류인플루엔자가 국내에 재발하지 않도록 방역당국도 혼신의 힘을 다해 예방 조치를 추진하고 있는 것입니다.

전문가들은 H5N1 조류인플루엔자 바이러스가 판데믹으로 진행될 수 있는 잠재성을 가지고 있다고 경고하고 있습니다. 누구나 바라는 것이지만, 경고로 끝나길 바랍니다. 전문가들은 인플루엔자 바이러스가 판데믹 유행을 할 수 있는 조건으로서 기본적으로 세 가지 단계를 거쳐야 한다고 말합니다.

❶ 최소한 1세대 이상 인류에게 전혀 나타나지 않았던 HA 아형을 가진 바이러스가 출현하고,

❷ 그 바이러스가 사람에 감염되어서 효율적으로 복제가 이루어지고,

❸ 그 바이러스가 사람들 사이에서 쉽게 전염이 되어야 한다.

2009년 신종 플루의 경우가 이 세 가지 조건을 모두 갖추었고, 다수의 국가에서 이미 유행하고 있기 때문에 이미 세계보건기구에서 6월 10일 판데믹으로 선언했습니다. 그러나 이 판데믹의 조건은 독성과 관련이 없기 때문에 신종 플루바이러스가 독성이 강해서 판데믹으로 선언한 것은 아닙니다.

조류독감 판데믹의 예방

조류인플루엔자 바이러스의 경우엔 어떨까요? 현재 H5N1 조류인플루엔자 바이러스가 처음 인류에게 출현한 후 10년이란 세월이 지났습니다. 십 년이면 강산도 변한다고 합니다. 그러나 H5N1 바이러스는 아직도 판데믹을 일으킬 수 있는 마지막 단계(사람들 사이에 쉽게 전염)를 넘어서지 못하고 있습니다. H5N1 바이러스로 인한 환자는 지난 10년간 총 430여 명에 불과합니다. 신종 플루가 출현한 후 단 석 달 동안의 환자 수가 십만 명을 넘어선 것과 극명하게 대비되는 상황입니다. 그런 점에서는

참으로 다행입니다. 신종 플루 바이러스와 달리 H5N1 바이러스는 워낙 독성이 강한 바이러스라서 어떤 유전적 변이과정을 거쳐 사람 간 전염능력을 획득하는 만약의 경우가 생길까 우려를 하고 있습니다.

1997년 홍콩에서부터 출현한 H5N1 조류인플루엔자 바이러스는 급격한 유전적 진화과정과 계통적 분화과정을 겪고 있습니다. 이러한 유전적 변화와 계통 분화는 바이러스가 새로운 숙주로 넘어가서 적응하는 단계에서 필연적으로 나타나는 현상입니다. 조류인플루엔자 H5N1은 야생조류에서 닭 등과 같은 가금류로 넘어가는 과정을 통해 급격한 유전적 분화가 진행됩니다. 이러한 과정을 통하여 일부 분화된 유전적 계보들은 바이러스 독성의 증가나 숙주 범위의 확대 등을 동반하기도 합니다. 또한 분화된 바이러스의 일부 계통은 원래 그들의 자연숙주였던 야생조류에까지 독성을 발휘해서 죽였습니다. 대표적인 사례가 2005년 중국 칭하이 호수에서 벌어진 야생조류(인도기러기 등)의 집단 폐사 사건입니다.

보다 더 중요한 것은 포유동물에 대한 독성이 증가하기 시작했다는 것입니다. 과거와 달리, 최근의 H5N1 조류인플루엔자는 생쥐와 족제비에서 전염성을 보였으며, 태국에서는 감염 닭고기를 먹은 동물원 호랑이와 표범이 H5N1 조류독감에 걸려 죽었습니다. 이렇게 포유동물에서 독성이 증가하고 있다는 것은 변이를 거듭할 경우 사람으로의 전염력을 획득할 가능성이 높아진다는 것입니다.

1997년 이전 50년 간 전 세계적으로 단 24건의 고병원성 조류독감 사례가 있었을 뿐입니다. 이들 지역은 유럽과 미국 등 주로 선진국이었습니다. 그러나 현재 유행하고 있는 H5N1 조류인플루엔자의 경우는 과거와 달리 발생지역의 범위가 점점 확대되어 유행 거점지역인 중국 남부지역을 벗어나 동남아시아, 중동, 아프리카 등에까지 퍼져 있습니다. 하지만 주로 후진국이나 개발도상국에서 유행하고 있는 반면 한국, 일본, 유럽 등에서는 단발성으로 끝났다는 것은 이 질병의 유행이 방역체계와 깊은 관련이 있다는 것을 보여줍니다. 그래서 조류인플루엔자 피해가 가장 심한 동남아시아 지역에서는 여러 가지 조치와 더불어 H5N1 바이러스에 대한 백신을 사용하여 그 목적을 달성해 가려고 하고 있습니다. 이들 지역에서의 질병 근절은 사람에게 발생할지 모르는 조류인플루엔자 판데믹의 위험을 줄이는 데 기여할 것입니다. 이 바이러스가 포유동물에서 적응하고 그래서 다양한 다른 포유류 바이러스(예, 유행성 독감)와 재조합이라는 과정을 거치는 것을 방치하는 경우, 우려하는 사람 간 전염이 가능한 신종 바이러스가 출현할 가능성이 높아지기 때문입니다. 동남아시아 지역에서 가금류 백신접종을 실시하는 것도 이러한 연결고리로 이어질 수 있는 가능성을 줄이는 데 크게 기여할 것으로 보입니다.

H5N1의 판데믹 가능성과 관련하여 세계보건기구의 주된 관심사 중 하나는 A/H5N1 바이러스 백신 후보주를 개발하고 판데믹에 대응하여 백신을 비축하는 것입니다. 현재 여러 전문연구기관들에 의해 재조합 바이러스 형태로 많은 H5N1 바이러스백신 종독이 개발되어 있고 판데믹 대비용으로 제조승인을 받았습니다. 현재 일부 H5N1 백신들은 다양한 H5N1 유전적 계보에 대한 광범위한 교차면역을 평가하는 임상단

계를 진행하고 있습니다. 인간은 H5N1 바이러스가 판데믹을 일으키는 상황이 오더라도 그들에 의해 호락호락 당하게 가만 놓아두지 않습니다. 그러한 순간에 대한 신호가 왔을 때 이미 인간은 백신주사를 통해 면역이라는 장벽을 치고 있을 것입니다.

인플루엔자의 예방과 치료

타미플루는 왜 효능이 있을까

중국 요리에 필수적으로 들어간다는 '팔각(八角)'이라는 향신료가 있습니다. 목련과에 속하는 나무열매로 꼬투리가 8개 달린 별 모양을 하고 있다 해서 붙여진 이름입니다. 팔각은 중국 광시장족자치구에서 전체 생산량의 80퍼센트 이상이 생산될 만큼 주로 중국에서 생산되는 토착식물 열매입니다. 팔각은 향이 강해 돼지고기나 오리 고기에서 나는 누린내를

팔각. 향신료인 팔각은 독감 치료제인 타미플루의 원료이다. 타미플루는 일반 독감에 대해서는 내성이 생겼지만 신종 플루에는 효과가 아직 있다.

없애주고 음식의 맛을 부드럽게 살려냅니다. 아마도 전통 중국 요리를 먹어 본 사람들은 알지 못하는 사이에 이미 팔각 향신료를 먹어 보았다고 보면 됩니다.

최근 조류인플루엔자와 신종인플루엔자 발생으로 팔각은 그의 영문 이름(Star anise)처럼 스타가 되었습니다. 독감치료제인 타미플루의 주 원료가 팔각 열매에서 추출한 물질이기 때문입니다. 타미플루는 개발 당시 천연추출물로 만든 약입니다. 사실 우리가 복용하는 많은 약들 중에는 타미플루처럼 천연추출물로 만든 것이 많이 있습니다. 친숙한 진통제 아스피린이 버드나무 껍질에서 추출한 살리실산 성분으로 만들었다는 것은 잘 알려진 사실입니다. 천연물질을 제대로 개발하면 속된 말로 대박을 칠 수 있습니다. 지금도 많은 회사들이 천연물질로 만든 약 개발에 많은 노력을 기울이는 이유가 여기에 있습니다.

지인들 중 상당수가 타미플루를 복용하면 항생제처럼 바로 약효가 발휘해서 완전히 치료되는 줄 알고 있습니다. 어떤 사람은 독감 증세가 막 나타날 때 타미플루를 복용하면 바로 낫는 줄 알고 있습니다. 그런데 사실은 그렇지 않습니다. 독감 증세가 나타난 지 48시간 이내에 약을 복용해야 투약 효과를 볼 수 있습니다. 처음 독감 증세가 나타난 지 48시간 이내에 약을 복용하면 복용하지 않았을 때보다 병증이 완화되고 병증 지속기간이 짧아지고 하루이틀 정도 빨리 회복하는 것으로 알려져 있습니다. 물론 독감 증상이 나온 지 12시간 이내 약을 복용하면 그 효과는 더 탁월하게 나타납니다. 쉽게 말해서 독감에 걸린 후 가능한 빨리 약을 복용하면 할수록 그 효과가 더 좋아지고 독감 회복 속도도 빨라집니다.

타미플루의 약리작용을 이해하면 왜 이렇게 복용해야 하는지 쉽게 알 수 있습니다. 타미플루의 기본적인 약 효능은 시킴산에서 나옵니다. 시킴산은 NA단백질의 수용체인 시알릭산과 구조가 매우 비슷하게 생겼습니다. 그래서 바이러스 NA단백질이 시알릭산을 인식하는 데 있어서 시킴산과 시알릭산을 서로 분간하지 못해 바이러스 NA단백질이 감쪽같이 속아서 시킴산에 달라 붙는 바람에 결국 인플루엔자 바이러스의 NA단백질은 본연의 역할을 수행하지 못하게 됩니다. 이것이 타미플루의 약효 기전입니다. 쉽게 말해 바이러스 입장에서 보면 타미플루는 세포 수용체로 가장한 위장간첩(NA단백질 저해제)인 셈입니다.

타미플루는 1990년대 후반에 개발되었지만 독감치료제 개발과 관련된 연구의 역사는 우리가 생각하는 것보다는 오래되었습니다. 언제부터일까요? 1940년대입니다. 아마도 그때 연구자들은 치료제까지는 염두에 두지 않았겠지만 말입니다.

호주의 버넷은 비브리오 콜레라 배양 추출물질을 넣었을 때 인플루엔자 바이러스가 적혈구가 달라붙는 것을 방해했고, 생쥐의 허파에 국소 적용했을 때 인플루엔자 바이러스 감염이 확연히 감소한다는 사실을 발견했습니다. 그는 이 물질을 세포 수용체를 파괴하는 효소(receptor-destroying enzyme, RDE)라고 명명했습니다. 그로부터 60년이 지난 후 방선균(Actinomycoses viscosus) 추출물로 인플루엔자 바이러스 수용체인 시알릭산의 말단을 효과적으로 절단하게 하는 약제가 개발되었습니다. 이것이 흡입투약으로 임상실험 1단계에 있는

'DAS181'이라는 약제입니다.

버넷연구팀의 연구원인 앤더슨은 1948년 발표한 논문을 통하여 호흡기 점막에서 시알릭산과 경쟁하는 어떤 약제를 호흡기 점막에 국소 적용할 수 있다면 아마도 인플루엔자 감염을 효과적으로 차단할 수 있을 것이라고 주장했습니다. 이것이 현실로 다가오게 된 것은 1970년대 중반이었습니다. 팔레스는 그 가상의 경쟁 약제를 시알릭산 유사체 형태로 만들었고 그것을 적용했을 때 실제로 인플루엔자 바이러스 방출을 저해하는 것을 증명해냈습니다. 1980년대 중반에 인플루엔자 바이러스의 NA단백질 구조가 구명되었고 이를 바탕으로 1993년 자나미비르(zanamivir)가 상품명 릴렌자(Relenza)로, 1997년 오셀타미비르(oseltamivir)가 상품명 타미플루(Tamiflu)로 개발되었습니다. 경구용 타미플루는 유행성독감과 판데믹 독감을 위한 주된 비축 약제로까지 이어졌습니다.

현재 타미플루로 잘 알려진 오셀타미비르는 미국 제약회사 길리어드에서 한국계인 김정은 박사가 주도하여 개발한 것으로 알려져 있으며, 스위스의 제약회사 로슈 홀딩 사가 특허권을 사들여 현재까지 녹점 생산하고 있는 독감치료제입니다. 현재 전 세계 독감치료제 시장의 95퍼센트를 차지하고 있다고 하니, 사실상 독감치료제 시장을 독점한 셈입니다. 현재 각국에서 요구하는 주문량을 다 공급하려면 십 수 년은 족히 걸린다고 합니다. 이쯤이면 엄청난 떼돈을 벌고 있는 셈입니다. 그래서 바이러스 증식 작용 기전을 차단하는 방법, 예를 들면 바이러스가 세포에 달라붙지 못하도록 하는 수용체를 막아 버리는 약제, 시알릭산 수용체를 제거하는 약제, 세포 내에서 바이러스 유전자 복제를 차단하는 약제, 바이러스가 세포에 달라붙지 못하도록 감싸는 항체 등 많은 독감치료제 개발이 서둘러 진행되고 있습니다. 돈이 되는 곳엔 어김없이 연구개발 투자가 몰리는 법입니다.

독감 예방주사의 역할

주변에 있는 사람들이 제게 물어봅니다.

"올해 신종 플루 백신을 1,300만 명 분량을 비축한다고 언론에서 그러던데, 그거 맞으면 신종 플루에 안 걸리는 거냐?"

"독감주사 맞는 이유야 독감에 걸렸을 때 최소한 죽고 살고 하는 문제를 해결해 주는 거지! 사실 최소한이 아니라 가장 중요한 문제이지."

"그럼, 독감주사 맞으면 독감이 치료되는 거야?"

주사를 맞으니까 항생제 치료하는 것처럼 보이나 봅니다.

"독감 걸린 뒤에 주사를 맞는 건 소 잃고 외양간 고치기야!"

"……"

겨울 유행성독감이 돌기 전에 우리는 독감 예방주사를 맞습니다. 이것은 독감에 걸릴 것을 대비해서 미리 몸에 면역을 시켜놓는 예방책입니다. 예방주사로 면역을 시켜 놓으면 독감 바이러스가 몸 안에 들어와도 감염이 되지 않습니다. 설령 감염이 되더라도 크게 앓지 않고 회복할 수 있습니다. 하지만 예방주사를 맞으면 바로 면역이 되는 것이 아니라 최소한 일주일 이상 걸려야 몸 안에서 제대로 면역이 됩니다. 그러므로 독감에 걸리고 나서 예방주사를 맞는다는 것은 이미 때가 늦은 것입니다.

세계보건기구 자료에 의하면 독감에 걸리는 사람은 매년 전 세계 인구의 적게는 5퍼센트에서 많게는 15퍼센트 정도, 3백만~5백만 명의 독감 환자가 발생합니다. 그리고 매년 25만 명에서 50만 명에 이르는 사람들이 독감으로 사망합니다. 신종 플루 이야기가 아닙니다. 매년 발생하는 유행성독감 이야기입니다. 일반 유행성독감으로 인한 피해 자체도 결코 적지 않습니다.

예방주사(백신 접종)가 현재까지 알려진 가장 효율적인 독감예방 수단입니다. 인플루엔자 백신은 1940년대 미군에 의해서 처음 개발되어 제2차 세계대전 때 실제 사용했다고 합니다. 미군은 제1차 세계대전 말인 1918년 스페인독감 유행으로 크게 혼이 났기 때문입니다. 닭의 유정란을 이용해서 인플루엔자 바이러스를 증식시키는 기술이 개발된 지 10년 만에 백신 개발이 이루어진 것입니다.

오늘날 세계는 연간 3억 명이 예방주사를 맞을 수 있을 만큼 유행성독감 예방백신을 생산하고 있습니다. 하지만 현재의 백신 생산량은 전 세계 독감 예방을 위해 필요한 양에 비해 턱없이 부족합니다. 형편이 괜찮은 나라들은 자국민을 보호하기 위한 충분한 양을 비축할 것입니다. 반면에 경제적으로 빈곤한 나라들은 입에 풀칠하기도 힘드니 충분한 양의 백신을 비축할 여유가 상대적으로 많지 않을 것입니다.

우리나라에서도 겨울철 독감 유행시기가 오기 전에 독감 예방주사를 맞습니다. 연간 최소한 천만 명이 넘는 사람들(특히 고령자)이 독감 예방주사를 맞습니다. 지난해 보건소에서 독감 예방주사를 맞았습니다.

팔에 주사를 맞는 순간 약간 따끔할 뿐 몇 분 안에 모든 것이 끝나 버립니다. 통상적인 독감백신은 3종의 바이러스를 증식시켜서 감염력을 없앤 다음 혼합해서 만든 불활화 백신입니다.

백신의 제조 과정

그렇다면 인플루엔자 백신은 어떻게 만들어질까요? 백신 제조하는데 왜 6개월 이상이 소요될까요?

인플루엔자 바이러스의 표면단백질인 HA와 NA는 유전적으로 수시로 변하기 때문에 국제보건기구는 1947년 이후 국제인플루엔자 유행감시 체계를 가동하여 사람과 동물에서 유행하는 변종 바이러스 출현을 감시하고 있습니다. 이러한 감시체계에는 80여 개국 110개의 국가인플루엔자 감시센터에 의해 일차적으로 이루어집니다. 세계보건기구 인플루엔자 협력센터는 일 년에 두 번 북반구지역은 매년 2월, 남반구지역은 매년 9월에 인플루엔자 유행감시 데이터를 종합 분석합니다. 이를 기초로 세계보건기구는 그해 겨울에 유행할 것으로 예상되는 바이러스 3종을 백신제조용 바이러스로 선정합니다. 선정되는 바이러스 3종은 A형 인플루엔자 바이러스 2종(H1N1과 H3N2) 그리고 B형 인플루엔자 바이러스 1종입니다. 그러면 백신 제조회사들은 약 6개월에 걸쳐 백신을 생산하고 공급합니다. 그것을 바탕으로 백신 제조사들이 겨울 독감 유행시기가 오기 전에 백신을 제조해서 공급합니다. 우리나라도 지금까지 수입에 의존해 왔는데 이제는 독자적인 독감백신 생산체계를 만들었습니다. 녹십자 화순공장이 그것입니다.

독감백신은 아직도 유정란에서 바이러스를 증식시켜서 제조합니다. 그런데 문제는 백신 제조용으로 선정된 바이러스들이 일반적으로 계란에서 증식성이 낮다는 것입니다. 그런 경우 백신에 들어가는 바이러스 HA단백질양을 맞추기가 어렵습니다. 그렇기 때문에 선정된 바이러스는 그대로 계란에서 증식시켜 백신으로 제조하는 것이 아니라 계란에서 증식능력이 우수한 종독 바이러스로 성질을 전환시켜 주어야 합니다.

현재 종독 바이러스를 만드는 방법은 유전자 재조합 바이러스를 만드는 것입니다. 계란에서 증식성이 매우 좋은 원종독 인플루엔자 바이러스(H1N1 A/PR/8/34, 약칭 PR8)와 선정된 바이러스를 계란에 동시에 접종하여 이들 두 바이러스 간에 유전자 재조합이 일어나게 합니다. 그렇게 하면 계란 내에서 다양한 형태의 유전자 재조합 바이러스들이 만들어지게 됩니다. 그중 바이러스 껍데기는 선정된 바이러스의 단백질(HA와 NA)의 것을, 바이러스 증식과 관련된 내부 단백질은 PR8바이러스의 것을 가진 유전자 재조합 바이러스를 골라냅니다. 사실 이 과정은 좀 까다로운 작업입니다. 그래서 최근에는 PR8 바이러스 유전자 골격에 HA와 NA단백질만 바꾸어 재조합 바이러스를 손쉽게 만들 수 있는 역유전화기술 기술이 개발되어 있습니다.

A형 종독 바이러스 즉 H1N1과 H3N2는 이와 같은 유전자 재조합 바이러스 형태로 만듭니다. 그래서 만약 만들 백신 바이러스가 전에 사용되었던 바이러스 스트레인과 동일하면 유전자 재조합 종독 바이러스 제조 과정이 생략되기 때문에 백신 제조과정은 매우 빨라질 것입니다.

B형 종독 바이러스의 경우 계란에서 증식성이 좋은 원종독 B형 바이러스가 없기 때문에 유전자 재조합으로 만들지 않고 그냥 선정된 B형 바이러스만으로 만듭니다.

WHO 4개 인플루엔자 협력센터에서 만들어진 후보 종독 바이러스들은 백신 생산업체에 보내집니다. 백신생산 업체는 후보 종독 바이러스가 증식성이 좋은지, 계란에 계대 사용해도 항원 돌연변이가 없는지 등 백신 생산에 적합한지를 분석해서 세계보건기구에 보내면 이를 바탕으로 회의를 거쳐 백신 종독 바이러스를 북반구의 경우 3월에 최종 선정하게 됩니다.

백신 제조업체들은 선정된 종독 바이러스를 계란에서 대량으로 증식시켜 본격적으로 백신을 생산하는 작업에 들어가게 됩니다. 이때 사용되는 계란은 그냥 계란이 아니고 9~11일 동안 닭 태아가 발육하고 있는 유정란입니다. 백신 바이러스 생산 종독 바이러스 3종은 각각 계란에 접종하여 2~3일간 부화기에서 배양시킵니다. 그 후 계란의 요막강액(allantoic fluid, 사람으로 치면 양수에 해당)에는 태아에서 증식된 바이러스가 고농도로 들어 있습니다. 접종계란의 요막강액을 채취하여 증식된 바이러스액을 모은 다음, 포르말

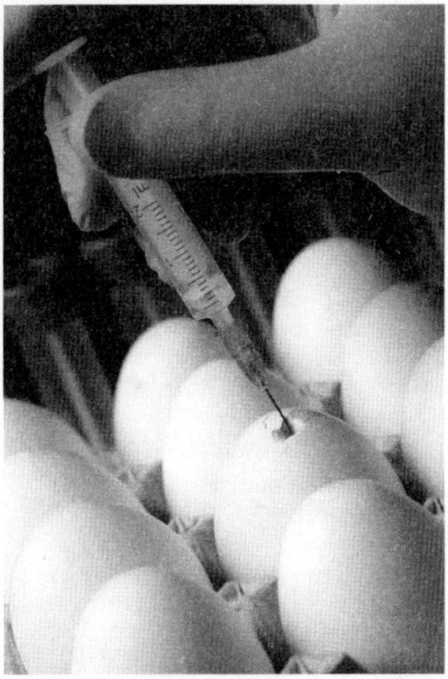

백신 제조 과정. 유정란에 바이러스를 주입하고 있다.

린이나 베타 프로피오락톤 같은 화학물질로 바이러스의 감염력을 없애고 비중을 이용한 초원심분리법으로 인플루엔자 바이러스를 정제합니다. 이러한 정제과정을 거치는 것은 계란 성분이 알러지 부작용을 유발할 수 있기 때문입니다. 여기까지는 불활화 사독(killed) 백신을 제조하는 데 공통적으로 거치는 주요 제조공정 과정입니다.

불활화 사독 백신은 크게 3종류가 있습니다. 바이러스 입자 전체를 포르말린 등 화학물질로 불활성화시켜 만든 비리온 백신, 세정제를 처리하여 입자 형태를 조각조각 깨어 만든 분할 백신, 분할처리 단계를 거쳐 바이러스 입자 표면 단백질 HA와 NA단백질만 선택적으로 정제하여 사용하는 서브유니트 백신 등입니다. 현재 독감 백신 제품은 대부분 분할 백신 형태로 제조되고 있습니다.

바이러스 입자를 불활성화하고 분할하는 과정을 거치면 인플루엔자 표준화 시약으로 각 바이러스 항원을 정량하여 1회당 15마이크로그램의 HA단백질이 들어가도록 3가지 바이러스 항원을 혼합하여 3종 혼합 백신을 만들게 됩니다. 이렇게 제조된 백신은 효능 검정, 임상시험 등의 단계를 거쳐 최종 백신 제품으로 완성됩니다. 이 생산 과정만 약 5개월 정도가 소요됩니다. 그래서 백신바이러스 선발에서 최종 백신제품까지 일반적으로 6개월 정도 장기간이 소요되는 것입니다.

한 사람 주사분의 독감 백신을 생산하는 데 계란이 최소한 1개 이상 필요합니다. 그것은 바이러스를 증식한 후 다양한 정제 절차를 거쳐서 만들기 때문입니다. 백신 생산에 사용하는 계란은 또한 전염병이 없는 깨끗한 닭이 생산한 계란이어야 합니다. 이론적으로 보았을 때 천만 명 분의 독감 백신을 생산하려면 최소한 천만 개 이상의 품질 좋은 계란이 필요할 것입니다. 그러면 백신 제조용 계란을 공급하는 청정 닭을 얼마나 키워 유지하고 있어야 할까요? 사실 닭은 매일 알을 낳고 있으니까 백신 생산하는 수개월 동안 계란을 공급한다고 가정한다면 수십만 마리의 알 낳는 청정 닭을 유지·관리하여야 할 것입니다. 닭 농장에 전염병이라도 한번 돌면 치명적인 백신 생산 차질을 초래할 수도 있습니다. 그래서 비용도 비용이지만 그런 닭을 항상 유지·사육하는 것도 보통 일이 아닐 것입니다. 최근에는 계란에서 바이러스를 키우는 방식을 대체하기 위하여 실험실에서 대량생산할 수 있는 세포배양 기술을 활용하려는 노력이 진행되고 있습니다.

신종 플루가 매우 빠른 속도로 사람들 간에 전염되고 있는 상황에서 독성이 높은 바이러스 출현의 우려도 있습니다. 따라서 신종 플루에 대한 백신 사용은 가장 효율적인 예방조치가 될 수 있습니다. 이와 관련하여 세계 각국의 백신회사들은 신종 플루 백신을 조기에 출시하기 위해 온 힘을 쏟고 있습니다. 우리나라에서도 마찬가지여서 얼마 전 세계에서 8번째로 백신 개발에 성공하였습니다.

제 3 장

신종 전염병과의 끝나지 않는 전쟁

바이러스와 더불어 살아가기

신종 전염병은 인간의 눈으로 볼 때만 새로울 뿐입니다.

여기에는 "하늘 아래 새로운 것이 없다."는 말이 딱 들어맞습니다.

'신종 바이러스'란 조물주가 갑자기 창조해서 인간 앞에 던진 것이 아니라

단지 인간 앞에 나타나지 않았을 뿐 지구 어딘가에서 분명 살아 숨 쉬고 있던 전염병 병원체이기 때문입니다.

신종 전염병의 출현

인류의 새로운 위협

세계보건기구는 향후 미래 인류의 생존을 위협하는 3대 요소로 식량 부족, 기후 변화, 그리고 전염병 유행을 지목하고 있습니다. 의학과 분자유전학 기술이 발전함에 따라 다양한 항생제가 개발되고 새로운 바이러스 치료제가 등장하며 질병에 대한 맞춤형 백신이 속속 만들어지는 지금, 전염병을 인류의 위협요인으로 거론하는 것 자체가 어찌 보면 의외의 일로 보일 수 있을 듯합니다. 그러나 전염병이라는 괴물은 그러한 우리들의 노력을 비웃기라도 하듯 더욱더 교활한 모습으로 인간에게 다가옵니다.

인간이 항생제를 만들어 그들을 퇴치하고자 할 때 세균은 플라스미드[17]라는 무기를 이용해서 항생제에 내성이 있는 세균으로 탈바꿈해 버립니다. 항바이러스 치료제를 만들어 사용하면 내성 바이러스가 생겨납니다. 일반 독감을 치료하기 위해 만든 타미플루는 투약에 따른 내성이 생겨나 유행성독감 치료에 더 이상 사용할 수 없습니다(다행히도 아직 신종 플루에는 감수성이 있습니다). 지도부딘(AZT) 등 여러 에이즈 치료제가 개발되어 있지만 한 가지 약제만 쓰면 약제 내성 바이러스를 만들기 때문에 여러 치료제를 동시에 복용하는 칵테일 요법을 써야 합니다. 백신 개발로 모든 것이 예방될 줄 알았던 바이러스 전염병들은 인간이 듣지도 보지도 못한 전염병으로 세대교체를 하면서 인간을 괴롭히고 있습니다. 우리들이 접하고 있는 신종 전염병인 에이즈, 즉 후천성면역결핍증의 경우 그 병원체가 1981년 발견된 이래로 환자가 지속적으로 증가하고 있습니다. 2007년 당시 3,300만 명의 환자가 있었고, 그해 새로 생긴 환자만 250만 명이었습니다. 또 매년 5천만 명이 뎅기열로 고통 받고 있는데, 지금 남미대륙에서는 이 바이러스가 항원변이를 일으키며 확산되는 상황입니다. 이런 전염성 질병들이 가까운 미래에 근절되리라고 믿는 사람은 아마도 거의 없을 것입니다.

사실 신종 전염병은 인간의 눈으로 볼 때만 새로울 뿐입니다. 여기에는 "하늘 아래 새로운 것이 없다."는 말이 딱 들어맞습니다. '신종 바이러스'란 조물주가 갑자기 창조해서 인간 앞에 던진 것이 아니라 단지 인간 앞에 나타나지 않았을 뿐 지구 어딘가에서 분명 살아 숨 쉬고 있던 전염병 병원체이기 때문입니다. 그래서 우리는 신종 바이러스를 '새

17) 플라스미드(plasmid): 세균이 가지고 있는 염색체 이외의 별도의 유전체.

바이러스(New virus)'라고 부르지 않습니다. '새롭게 출현한 바이러스(Newly emerging virus)'라고 부릅니다.

신종 전염병의 유형

세계농업식량기구(FAO)의 스콧 뉴먼(Scott Newmann)은 신종 전염병을 4가지 형태로 분류할 수 있다고 말합니다.

1. 새롭게 발견된 전염병: 신종이라는 낱말의 뜻을 가장 잘 보여주는 전염병으로 그 이전에 인간에게 유행한 적이 없는 전염병. 예를 들면 1970년대 아프리카에서 출현한 에볼라, 1980년대 초 후천성면역결핍증, 1998년 말레이시아에서 출현한 니파 뇌염, 2002년 중국남부 광둥성에서 출현한 사스, 2009년 신종 플루 등이 대표적.

2. 최근 발생이 급증하고 있는 전염병: 과거부터 인간에게 존재하고 있었으나 최근 발생이 급증하고 있는 전염병. 예를 들면 국내에서 1980년대 사라졌다가 90년대에 다시 출현하여 발생이 급증하고 있는 말라리아와 광견병, 그리고 최근 어린 연령에서 발생이 급증하는 A형 간염 등이 대표적.

3. 최근 지리적 또는 기후적 발생 영역이 확대된 전염병: 아시아와 아프리카 그리고 유럽에서만 유행하다 1999년 이후 북미지역으로 확대된 웨스트나일 뇌염, 2000년대 들어 지구 온난화로 인한 매개모기 서식지 북상으로 유럽지역에서 대유행하고 있는 면양의 블루텅 병 등이 대표적. 2003년 이후 세계적으로 확산된 고병원성 조류인플루엔자(조

류독감) H5N1도 이 범주에 들어간다.

4. 동물 집단에서 사람으로 넘어온 전염병: 대부분의 신종 전염병이 이에 해당되지만 아직도 많은 전염병들에서 그 기원(자연숙주)이 알려져 있지 않다. 예를 들면 밀림 과일박쥐에서 사람에게로 넘어온 니파 뇌염과 헨드라 뇌염, 아프리카 유인원에서 사람으로 넘어온 에이즈(AIDS), 야생들쥐에서 사람으로 넘어온 한탄 바이러스에 의한 출혈열, 관박쥐에서 사람으로 넘어온 사스 등의 전염병이 있다.

신종 전염병이 출현하는 원인

오늘날 우리들이 겪고 있는 전염병의 절반이 과거에 없던 신종 전염병입니다. 그리고 이들 전염병의 75퍼센트가 야생 동물에서 사람으로 넘어와 진화한 것들입니다. 현재 전문가들은 인간에게도 감염될 수 있는 전염병(인수공통전염병)의 잠재성을 가진 병원체들이 야생 동물의 세계에 엄청나게 많이 존재하고 있을 것이라고 추측하고 있습니다. 그렇다면 지금까지 밝혀진 동물바이러스는 얼마 정도 될까요? 불행하게도 우리가 알고 있는 인수공통전염병을 유발하는 동물바이러스는 불과 약 1퍼센트 정도만 밝혀져 있을 뿐입니다.

몇 번 등장한 용어지만 자연숙주에서 또 다른 숙주로 병원체가 넘어오는 경우를 우리는 스필오버라고 부릅니다. 이 때 자연숙주라는 거대한 용기(natural reservoir)가 넘쳐나서 새어 나온 바이러스가 엉뚱하게 근처에 있는 새로운 숙주에게로 넘어와 때로는 그 숙주를 엉망으로 만들어 버립니다. 대부분의 신종 전염병들은 이런 스필오버를 통해서 인간에게 나타난 질병들입니다.

로스 강의 풍경. 습지대의 무리한 개발이 결국 모기로 인한 전염병을 증가시켰다.

과거에는 인간이 보다 나은 생활 터전을 위하여 자연의 영역을 인간의 영역으로 만들어 가는 과정에서, 그리고 안정적인 식량 자원으로서 야생동물을 가축화하고 사육하면서 이러한 스필오버가 나타났습니다. 하지만 과거의 전형적인 신종 전염병의 출현과는 달리 야생동물에서 우리가 키우는 가축으로 스필오버 되고, 그것이 다시 사람으로 스필오버 되는 것이 최근 신종 전염병의 출현 경향입니다. 헨드라 바이러스가 과일박쥐로부터 경주마를 통해, 니파 바이러스가 과일박쥐로부터 돼지를 통해, 조류독감이 야생조류에서 가금조류를 통해 사람에게로 넘어 왔습니다.

그렇다면 신종 전염병은 어떻게 스필오버를 거쳐 출현할까요? 전염병을 구성하는 요소는 병원체, 숙주 그리고 환경입니다. 이러한 요소 중 일부 또는 전부에서 근본적으로 변화가 일어나 새로운 질서가 만들어지는 것입니다. 스콧 뉴먼은 이러한 변화를 요약하여 11가지의 요인[18]으로 크게 분류하였습니다.

인류는 의학과 각종 기술 발전에 힘입어 지속적으로 팽창해 왔습니

18) 11가지 요인: ① 인간 집단의 팽창 ② 자연서식지 침범 ③ 인간과 야생동물의 국가 간 이동과 뒤섞임 ④ 자연 서식지와 생태계 교란 ⑤ 삼림파괴 ⑥ 농산물의 생산증대 ⑦ 가축과 야생동물의 동시 사육 ⑧ 야생동물 종 또는 야생병원체의 지역 간 이동 ⑨ 지구적 기후 변화 ⑩ 날씨 패턴 ⑪ 광범위한 항생제 사용에 따른 저항성.

다. 시간이 지날수록 인구의 밀집도는 증가되는 방향으로 흘러가고 있습니다. 그리고 인간 집단의 팽창은 필연적으로 자연의 영역을 허물고 인간의 영역을 확대시켜 왔습니다. 이것은 자연의 영역에 있던 야생동물과의 접촉 확대를 초래했습니다. 이와 함께 자연 서식지 침범은 필연적으로 그곳에 사는 야생동물과의 접촉 기회를 증가시킵니다. 예를 들자면 호주 습지대 연안에 사람들이 그림 같은 집들을 짓기 시작하면서 모기가 전염시키는 로스 강 열(ross river disease) 발생이 증가한 것이 대표적인 사례라고 볼 수 있습니다.

생태관광이나 밀림 탐험, 동물원 또는 애완용 목적의 각종 야생동물 종의 수입 등으로 각종 야생동물이나 애완동물과의 접촉 또한 급속하게 증가되는 양상으로 흘러가고 있습니다. 1980년대 아프리카 잠비아 야생고릴라에 사람 홍역이 발생한 것은 사람이 야생동물에게 준 전염병의 예가 될 수 있습니다. 1989년 미국 버지니아 레스턴에서 필리핀산 수입 야생 원숭이에서 레스턴 형 에볼라가 발견되기도 하였고, 2003년 5월 미국을 강타한 원숭이 두창(monkey pox)도 아프리카에서 수입한 설치류(자연숙주)가 프레리도그(애완설치류)에 병을 옮기면서 사람에게까지 발생한 사건입니다. 2004년에 벨기에에서는 조류독감에 걸린 독수리 한 쌍을 태국으로부터 밀반입하려다 공항검역 과정에서 적발된 사건도 있었습니다.

한편 아프리카의 원숭이 두창은 원주민들이 설치류와 원숭이를 사냥하고 가죽을 벗기고 음식을 해 먹는 과정에서 주로 발생했습니다. 아프리카지역에서 원숭이를 사냥해서 파는 일명 '부시미트(bush meat)'가

에이즈와 에볼라 발생의 기회를 제공해 온 것으로 보입니다. 중부 아프리카(콩고와 가봉)의 영장류에서 에볼라는 주로 건기(dry season)에 발생합니다. 이 시기에 줄어든 과일 열매를 두고 영장류와 과일박쥐 간의 먹이다툼 과정에서 우발적인 접촉이 일어나고 바이러스가 원숭이로 넘어간 것이 원인이었습니다.

아프리카의 시장. 주민이 원숭이 등 부시 미트를 좌판에 늘어 놓고 있다.

농경지의 개간을 위한 밀림 벌목과 화전 등은 그곳을 터전으로 살고 있는 야생동물들의 서식지 이동을 초래하고 그로 인해 야생동물이 가지고 있던 전염병의 노출 기회를 확대시켰습니다. 예를 들면, 1997년 보르네오 섬 대화재로 인한 과일박쥐의 대이동이 니파 뇌염 발생의 원인을 제공하였다는 설이 제기되고 있습니다. 방글라데시에서의 니파 뇌염 발생은 농경지 개간에 따른 산림 축소로 과일 먹이가 부족한 과일박쥐들이 사람이 사는 마을의 과일을 도둑질한 것이 계기가 되었습니다. 아마존 밀림지역에서의 삼림 파괴는 산모기 개체수를 급격히 증가시켰고, 이로 인해 말라리아 환자의 급증을 초래하였습니다.

지구 온난화와 같은 기후적 변화도 자연 생태계 변화와 함께 전염병 발생에도 많은 영향을 주고 있습니다. 우리나라의 경우 최근 10년간 평균 0.6도 정도 기온이 상승한 것으로 알려져 있습니다. 최근 한국보건사회연구원의 연구 결과에 따르면 한반도 평균 기온이 1도 정도 상승

할 때 말라리아, 쯔쯔가무시병, 유행성출혈열, 장염비브리오, 세균성 이질 등 5가지 전염병의 발생이 최소 4퍼센트 이상 증가할 것으로 예측됩니다. 말라리아의 경우 중국 얼룩무늬모기가 중국에서 북한으로 넘어와 남하함으로써 90년대 이후 말라리아 발생이 급증하고 그 발생지역도 휴전선에서 남쪽으로 지속적으로 확대되고 있습니다. 가을철 대표적인 발열성 질환인 쯔쯔가무시병의 경우 2003년 1,415건에서 2006년 6,480건으로 급격히 증가하고 있습니다.

중국의 사스

사스 유행의 주범 사향고양이

세상에서 가장 비싼 커피 중의 하나가 사향고양이가 만드는 시벳 커피입니다. 주로 동남아시아에서 만들어지는데, 유명한 시벳 커피 중 하나가 인도네시아산 커피 루왁으로 커피 열매를 먹은 사향고양이의 배설물로 만든 커피입니다. 사향고양이는 팜너츠라는 빨갛게 익은 커피 열매를 무척 좋아해서 밤에 몰래 커피농장에 들어와 빨갛게 익은 커피 열매만을 따 먹습니다. 그러면 열매 껍질부분은 소화되어 제거되고, 열매 씨 즉 원두 부분만 다른 배설물에 섞여 배설됩니다. 배설된 커피 원두는 원래의 씁쓸한 맛이 소화 과정에서 제거되고 대신 인간에게 매력적인 독특한 맛과 향기가 스며듭니다. 이 커피 원두를 빻아서 만든 것이 시벳 커피입니다. 물론 잘 씻어서 분변 내용물들은 제거했겠지요. 커

사향고양이. 나무 열매나 과일이 이들의 주식이다.

피 원두 생산 과정만 봐도 시벳 커피의 시장 공급량이 적을 수밖에 없습니다. 그리고 시장 수요량에 비해 공급량이 적기 때문에 당연히 시벳 커피의 가격은 높아지겠지요. 최근에는 커피 농장에서 사향고양이를 인공 사육하면서 커피 원두를 생산합니다. 돈이 되는 것이면 항상 자본이 몰리고 투입되는 법이니까요.

중국의 경우 사향고양이는 주로 양쯔 강 남부지역에 서식하고 있습니다. 이 고양이는 겁이 많아 사람이 드문 산에 있는 나무에 구멍을 뚫고 서식하는 야행성 동물입니다. 쥐나 작은 새, 곤충 등도 먹고 살기는 하지만 주로 먹는 것은 과일입니다. 그래서 사향고양이의 고기는 육질이 연하고 비린 냄새가 별로 없어서 중국에서는 오랫동안 자양식품으로 사랑받고 있습니다. 대표적인 요리가 용봉호(龍鳳虎)라는 고급 연회 음식인데, 여기에는 코브라, 삼황닭, 그리고 사향고양이가 들어가 있습니다.

시장 수요에 비해 중국 야생 사향고양이의 수가 적어 그 고기는 매우 고가로 거래됩니다. 그래서 일찍부터 야생 사향고양이를 잡아 가축화하여 농장에서 사육하는 사람들이 생겨났습니다. 1950년대 말에 인공 번식에 성공하면서 중국에서 사향고양이 농장 사육이 시작되었습니다. 사향고양이 사육이 돈벌이가 되자 사육 농가는 1980년대 이후 급속히 증가했고 사스 발생 당시인 2003년에는 사육 농가수가 660여 농가(개체 수 4만 마리)로 늘어났습니다. 그런데 이렇게 늘어난 사향고양이는 2002~2003년 중국 광둥 성에서 출현한 신종 전염병 SARS(사스)를 대유행시킨 주범으로 몰리면서 야생 동물 중 최대 희생양이 되었습니다.

사스의 발병과 원인체 규명

최근까지 확인된 바에 의하면, 2002년 10월 16일 광둥성 푸산시에서 최초의 사스 환자가 발생한 것으로 알려져 있습니다. 국제적으로 사스가 알려진 시발점이 된 것은 종산시에 사는 사스 환자가 2003년 2월 광저우에 있는 병원에 바이러스 폐렴으로 입원하면서부터입니다. 이 환자가 이 병원 저 병원 옮겨 다니는 바람에 광저우 시내 5개 병원에 근무하는 의료종사자들을 중심으로 사스가 확산되었습니다.

전염병의 공포. 사스가 발생했을 때 상하이의 거리 풍경. 감염을 우려한 여성이 마스크를 쓰고 걷고 있다.

그런 와중에 사스에 감염된 광저우의 한 신장전문의가 2월 21일 홍콩을 방문하던 중 폐렴으로 사망하고, 그가 머물렀던 호텔의 같은 층에 머물렀던 캐나다인 사업가 부부, 그리고 그가 입원했던 홍콩 병원의 종사자를 중심으로 홍콩과 캐나다 등 세계 각국으로 크게 퍼져나가게 된 것입니다. 이것이 전 세계 28개국에 순식간에 확산되어 수 개월간 감염환자 8,000여 명, 사망자 770여 명이 발생한 끔찍한 전염병 유행 사건의 시작입니다.

사스가 폭발적으로 증가하던 그해 3월 초, 전 세계 많은 전염병연구소에서 사스를 일으키는 병원체를 찾아내는 데 심혈을 기울였습니다. 유행 초기에는 사스를 일으키는 원인체가 파라믹소바이러스[19], 클라미디아[20], 코로나바이러스[21] 등이라는 주장이 제기되었고, 이에 따라 "어느 것이 진짜 사스 원인체인가?"를 놓고 논란이 이어졌습니다.

처음으로 병원체에 대한 연구 결과가 나온 것은 3월 19일이었습니다. 이날 세계보건기구는 홍역, 호흡기합포체성 바이러스(RSV), 볼거리와 같은 파라믹소바이러스가 병원체일지도 모른다고 발표했습니다. 이 결과는 독일과 홍콩 연구팀이 일부 SARS 환자 호흡기 분비물에서 파라믹소바이러스 입자를 전자현미경으로 확인한 직후에 일어난 일입니다. 그 당시 연구진들은 몇 년 전 동남아시아에서 발생한 치명적인 니파 바이러스와 유사한 어떤 신종 파라믹소바이러스일 것이라 추측하고 있었던 것 같습니다. 그러나 곧 겨울철에 흔한 코감기 비이러스들과 구별이 되지 않기 때문에 추가 분석이 필요하다는, 그리고 여러 연구소에서 검사 결과가 나와 봐야 한다는 신중론이 제기되었습니다. 나중에 파라믹

---

19) 파라믹소바이러스(Paramyxovirus) : 한 가닥의 RNA 사슬을 가진 바이러스로 입자의 크기가 매우 다양하다. 홍역, 볼거리, 니파 뇌염 등의 병원체가 여기에 속한다.

20) 클라미디아 : 바이러스와 세균의 중간 단계에 속하는 미생물 군으로 트라코마 성병, 서혜림프육종, 앵무병 등의 병원체가 여기에 속한다.

21) 코로나바이러스 : 한 가닥의 RNA 사슬을 가진 바이러스로 곤봉 모양의 돌출기가 표면에 있는 것이 특징이다. 호흡기 및 소화기 질환을 유발하는 병원체들이 많다.

소바이러스가 2001년 네덜란드에서 처음 발견된 사람 신종 바이러스인 사람 메타뉴모바이러스(human metapneumovirus)인 것으로 밝혀졌습니다. 메타뉴모바이러스는 사람의 상기도에 흔히 존재하는 코감기 바이러스의 일종입니다. 이 사실이 밝혀진 이후 이 바이러스는 사스의 원인에서 제외되었습니다.

그러나 그로부터 채 한 달도 지나지 않은 시점에 각기 다른 세 연구팀들이 사스의 원인은 어떤 코로나바이러스라는 연구 결과를 발표하였습니다. 그리고 네덜란드 에라스무스 대학 바이러스연구소의 롱 푸시에가 원숭이를 이용한 실험을 통하여 사스환자에서 분리된 코로나바이러스가 코흐 공리론(Koch's postulates)[22]을 충족한다는 것을 입증하면서 논란에 종지부를 찍었습니다. 곧 이어 바이러스의 계통을 밝히는 유전자 분석을 실시하였을 때, 그것은 사람이나 가축에서 분리된 적이 없는 신종 코로나바이러스였습니다. 다시 말해 이것이 어떤 야생동물에서 사람으로 넘어왔다는 것을 의미합니다.

자연히 "자연숙주의 역할을 하는 야생동물, 구체적으로 말하자면 사람과 접촉이 있는 야생동물이 무엇인가?"라는 질문에 관심이 쏠리게 되었습니다. 일차적으로 지목된 곳이 바로 야생동물을 사고파는 재래시장이었습니다. 중국 남부지역 사람들은 전통적으로 수많은 야생동물들을 보양식 음식 재료로 즐겨 먹고 있으며, 이들 음식 재료가 되는 야생동물들이 재래시장을 통해 음식점으로 공급되는 구조를 가지고 있습

22) 코흐 공리론(Koch's postulates): 병원체임을 입증하는 기준으로 코흐가 제안한 것을 1937년 리버스가 수정 제안한 6개 기준. ① 발병숙주에서 바이러스 분리 ② 숙주세포에서 증식 ③ 바이러스로서 여과성 입증 ④ 해당 숙주에서 증상 재현 ⑤ 바이러스 재분리 ⑥ 숙주에서 바이러스에 대한 항체형성 입증.

니다. 그리고 역학조사에서도 사스 유행의 초기 단계에서 환자 상당수가 야생동물을 사고팔거나 식당에서 이들을 잡아서 요리하는 종업원들이었습니다.

이러한 초기 역학조사 결과는 사스가 확산된 과정의 일차 진원지가 재래시장임을 확신하게 만들었습니다. 그 후에 진행된 것은 어떤 동물이 질병을 퍼트린 주범이냐를 확인하는 것이었습니다. 홍콩대학의 위구안은 광둥성 선전시의 한 재래시장에서 거래되던 각종 동물들을 대상으로 바이러스 검사와 혈액검사를 실시했습니다. 그 결과 사향고양이 6마리와 1마리의 너구리에서 사스 바이러스가 검출되었고 이 중 사향고양이 2마리에서 사스 바이러스를 분리하는 데 성공했습니다. 야생동물을 거래하는 사람의 40퍼센트, 야생동물을 요리한 식당종업원의 20퍼센트가 아무 증상 없이 사스에 걸려 있었습니다. 이로 인해 사향고양이는 사스를 퍼트린 주범으로 의심을 받게 되는 한편 모든 야생동물의 사냥, 판매, 운송, 수출 등이 일시적으로 전면 금지되는 조치가 취해집니다.

2003년 12월에서 2004년 1월 사이에 중국 광둥성 광저우시에서 발생한 4명의 사스 환자의 역학조사 결과는 사스의 주범이 사향고양이라는 것을 결정적으로 확인시켜 주었습니다. 당시 환자 4명 중 2명이 사향고양이와 어느 정도 역학적으로 관련성을 보였기 때문입니다. 한 명은 사향고양이를 키우는 식당의 여종업원이었고, 다른 한 명은 식당에서 사향고양이 우리 옆에서 자주 식사를 하던 사람이었습니다. 더 중요한 것은 이 식당에서 기르고 있던 사향고양이에서 분리한 사스바이러스였습니다. 이 바이러스가 이들 사스 환자에서 분리한 바이러스와 동일한 바이러스였기 때문입니다. 식당에서 키우던 이 사향고양이는 인근 재래시장에서 사 온 것으로 밝혀졌습니다. 역학조사 결과가 발표되자마자 중국정부는 광둥성에 있는 농장, 재래시장, 식당에 있는 사향 고양이 약 4천 마리와 다른 야생동물 660여 마리를 같이 도살하고 재래시장을 폐쇄하는 조치를 취합니다. 그 이후 중국에서 사스는 더 이상 발생하지 않았습니다. 정말 사향고양이가 주범이었던 걸까요?

제2의 진범은 따로 있다?

시간이 지나고 사스 대유행이 잠잠해지면서 사스를 퍼트린 진원지는 사향고양이가 아니라 어떤 다른 야생동물일 것이라는 주장들이 나오기 시작합니다. 이를 뒷받침하는 첫 번째 근거는 사향고양이에서 분리된 바이러스들의 특성이었습니다. 자연숙주의 경우 오랜 공생 관계로 말미암아 유전적으로 다양한 바이러스 군들이 존재하며, 종간 장벽을 넘어서서 새로운 숙주로 바이러스가 전파될 때도 필연적으로 유전적 변이가 심해지는 경향이 있습니다. 그러나 사향고양이에서 분리된 사스 바이러스들은 모두 사람 환자에서 분리된 사스 바이러스와 사실상 유전적 차이가 거의 없는 바이러스였습니다. 이것이 의미하는 것은 사스바이러스가 사향고양이 집단에 들어와 오랜 기간 적응과정을 거친 것이 아니라 유행 당시 사향고양이와 사람이 거의 동시에 감염되었다는 것입니다.

두 번째 근거는 중국 내 사육 중인 사향고양이 역학조사 결과였습니다. 당시 광둥성 재래시장에 있던 사향고양이들은 사스 유행기간 동안 사스 항체(사스 감염을 의미함) 보유율이 매우 높았습니다. 그러나 뜻밖에도 사육농장의 사향고양이들과 산에서 포획한 야생 사향고양이 중에서는 사스에 걸린 고양이가 발견되지 않았습니다. 이것은 야생에서와 농장 사육 단계에서 사스 감염이 없었다는 것을 의미하며(즉, 자연숙주가 아니며), 사향고양이가 농장 사육 단계를 지나 재래시장에서 판매되는 과정에서 사스에 걸렸다는 것을 말해줍니다. 결론적으로 사향고양이는 자연숙주가 아니며 재래시장에서 판매되는 과정에서 사스에 걸린 것입니다. 이렇게 감염된 사향고양이가 다시 사람에게도 사스를 퍼트리는 역할을 한 동물, 즉 증폭숙주의 역할을 한 것이죠. 사향고양이 입장에서 보면 식용으로 가면서 억울하게 병에 걸려 사람에게 몹쓸 병을 퍼트린 죄로 도살당하고, 그 때문에 농장과 자연에서 잘 살고 있는 멀쩡한 나머지 고양이들마저 도살되는 비극적인 상황을 맞았던 것입니다.

많은 과학자들이 재래시장에서 사향고양이와 사람에게 사스를 퍼트린 주범이 무엇인지 진원지를 찾기 위해 많은 노력을 해 왔습니다. 그런데 사스가 출현하기 몇 년 전 말레이시아와 호주에서 출현한 신종 전염병들의 주범은 모두 밀림박쥐로 밝혀졌습니다. 호주에서 1994년 서러브레드 경주마와 조련사를 죽인 신종 전염병 헨드라 바이러스도, 호주에서 1995년 돼지 불임을 유발시킨 신종 전염병 매냉글 바이러스도, 1996년 호주에서 사람에 출현한 광견병과 유사한 박쥐 라싸 바이러스도, 1998년 말레이시아에서 100여 명을 사망케 한 공포의 니파 바이러스도 모두 과일박쥐가 주범이었습니다. 그래서 호주 과학자들을 비롯한 여러 연구팀들은 사스 코로나바이러스의 자연숙주로서 야생박쥐를 일차적으로 지목했습니다.

홍콩대학의 푼이 홍콩 특별자치구에서 2003년과 2004년 여름에 저수지와 공원 등에 서식하는 각종 야생동물을 대상으로 바이러스검사를 했을 때 박쥐 3종에서 코로나바이러스가 검출되었습니다. 그러나 그의 기대와 달리, 분리된 코로나바이러스는 사스와는 전혀 다른 코로나바이러스였습니다. 하지만 이 조사 결과는 사스의 자연숙주를 찾아내지 못했지만 사스 코로나바이러스를 가진 박쥐 종이 있을 것이라는 추측을 더욱 신빙성 있게 만들었습니다.

그 직후 홍콩대학의 수잔나 라우가 2004년 여름부터 2005년 봄까지 홍콩 특별자치구 11개 지역에서 야생 포유동물들을 포획해서 조사하였습니다. 수잔나 라우는 조사한 관박쥐 종 중 무려 39퍼센트의 개체에서 사스 코로나바이러스와 매우 유사한 바이러스를 검출해냈습니다. 중국과학원 웬동 리는 2004년 중국 남부지역에 서식하는 박쥐들을 포획해서 조사한 결과, 수잔나 라우와 마찬가지로 관박쥐 종에서 사스와 매우 유사한 바이러스를 검출해 내는 데 성공했습니다. 뿐만 아니라 관박쥐 종의 어떤 집단에서 71퍼센트의 개체가 사스 항체를 가지고 있다는 사실도 밝혔습니다. 사스의 자연숙주가 중국 남부지역에 서식하는 관박쥐 종이라는 것을 증명한 셈입니다.

박쥐에게서 사람까지

자연숙주인 관박쥐에서 사람으로 사스 바이러스가 스필오버하여 넘어온 메커니즘은 무엇일까요? 우리는 중국 남부지역과 동남아시아지역에서 박쥐 고기는 보양식 재료로 알려져 있음을 알고 있습니다. 그리고 박쥐를 포함해서 우리가 생각하는 것보다 많은 종류의 온갖 야생동물이 재래시장에서 거래됩니다. 물론 재래시장이나 음식점에 있는 박쥐나 그 음식 재료들에 대해 조사한 결과가 없기 때문에 섣부른 추측을 하기는 힘듭니다.

그러면 우선 야생박쥐에 있는 바이러스가 어떻게 사람에게로 넘어왔는지 여러 가지 시나리오를 가정해 볼 수 있습니다. 우선 박쥐에서 포유동물(사람, 고양이, 너구리, 쥐 등)로 넘어온 장소가 재래시장일 가능성이 있지만 아닐 수도 있을 것입니다. 현재까지 확인된 바로는 사스 코로나바이러스 감염이 확인된 포유동물로는 사람, 너구리, 사향고양이 등이 있습니다. 그리고 사람에게로 사스 코로나바이러스를 전염시킨 것으로 확인된 대상은 사람과 사향고양이입니다.

우선 재래시장에서 또는 개인 거래로 야생박쥐를 매매하는 과정에서 우연히 감염 박쥐의 분비물을 접촉한 사향고양이가 감염되어 시작되었을 수 있습니다. 그래서 바이러스가 사향고양이에서 쉽게 적응되고 증식된 다음 사람, 사향고양이나 너구리 등 다른 포유동물을

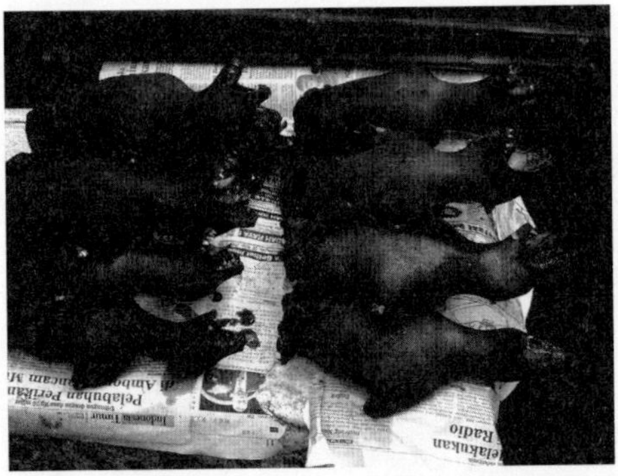
중국 시장의 박쥐 고기. 중국 남부지역의 시장에서는 흔히 볼 수 있는 요리이다.

감염시켰을 수 있습니다. 이미 중국에서 사향고양이에서 사람으로 전염된 사례가 있었기 때문에 그럴 가능성이 있습니다. 두 번째는 야생박쥐를 포획하는 과정에서 사람이 감염된 다음 사람이나 다른 동물로 전염시킬 수 있는 가능성도 가정해 볼 수 있습니다. 박쥐를 매매하는 과정에서도 사람 감염이 우연히 일어날 가능성도 배제할 수 없습니다. 시장이나 집에 돌아다니는 생쥐 같은 작은 포유동물이 우연히 박쥐 분비물에 접촉된 다음 사람이나 다른 동물로 퍼트릴 수도 있습니다. 이외에도 여러 가지 출현 시나리오는 만들어질 수 있습니다. 그러나 이러한 모든 시나리오는 순전히 필자가 가정해서 만들어 본 것일 뿐 아직까지 실제로 증명된 것이 없습니다.

사스 코로나바이러스가 사람에게 출현한 연결고리는 밝혀져야 할 미완의 숙제로 남아 있습니다. 사스 코로나바이러스는 없어진 것이 아니라 단지 인간 앞에서만 비켜 있을 뿐입니다. 그러므로 연결고리를 찾아 차단하려는 노력이 사스가 인간에게 재등장할 가능성을 줄이는 최선의 방책입니다.

호주 헨드라 뇌염

서러브레드 경주마의 갑작스런 죽음

국내 경마인구가 연인원으로 환산하면 2천만 명이 넘는다고 합니다. 한국에서 인기 있는 스포츠인 프로야구나 프로축구 경기장을 찾는 관중수가 연중 수백만 명인 것을 감안하면 엄청난 숫자입니다. 국내 경주마 중에서 가장 많은 품종은 서러브레드(Thoroughbred) 종이라고 합니다. 가장 대표적인 경주마 품종이니 아마도 경마에 관심이 많은 사람들은 서러브레드 품종이 어떤 장점을 가지고 있는지 잘 알 것입니다.

이 서러브레드 경주마와 관련되어 있는 신종 전염병이 있습니다. 바로 1994년 호주에서 발생한 헨드라 뇌염입니다. 이 전염병을 일으키는 병원체는 처음에 말 모빌리바이러스(equine morbillivirus)라고 불렀습니다만, 지금은 처음 전염병이 출현했던 경주마 사육장이 있던 마을 이름을 따서 현재는 헨드라 바이러스라고 불립니다.

1994년 9월 초 호주 퀸슬랜드 주 브리즈번 교외의 한가한 말 방목장에서 서러브레드 종 말 2필이 한가로이 목초를 먹고 있었습니다. 이 중 한 필은 임신한 암말이었습니다. 9월 7일 임신한 암말이 제대로 움직이지도 못하고 어딘가 아파 보였습니다. 그래서 주인은 암말을 인근 6킬로미터 정도 떨어진 헨드라에 있는 서러브레드 경주마 사육장으로 옮겨 놓았습니다. 임신한 말을 돌보기 위해서였습니다. 그러나 다음날 마부와 사육장의 말 조련사의 극진한 보살핌에도 불구하고 앓고 있던 암말이 갑자기 죽어 버렸습니다. 암말이 죽자 주인은 같이 데려온 나머지 말 1필을 샘포드 방목장에 데려다 놓았습니다. 이윽고 마방에 같이 있던 나머지 12필 서러브레드 경주마와 이웃 마방 경주마도 앓기 시작하더니 첫 암말이 죽은 후 열흘(9월 16일)이 지나서부터 일주일 동안 모두 죽어 버렸습니다. 이 말들은 고열이 있고, 얼굴이 부어올라 있었습니다. 제대로 걷지도 못했고 심한 호흡곤란 증세를 보였습니다. 그리고 코에 엄청나게 많은 거품 섞인 분비물을 내뿜으며 죽어 갔습니다. 마방에 같이 있던 4필은 증상이 약해 살아 남았고, 3필은 감염은 되었으나 외관상 멀쩡했습니다.

더 큰 문제가 발생했습니다. 첫 암말이 죽은 지 5일이 지난 시점에 암말을 돌보던 말 조련사와 마부가 앓기 시작했습니다. 마부(40살)가 9월 14일부터, 말 조련사(49살)가 15일부터 비슷한 증세를 보이며 앓기 시작했습니다. 말 조련사는 9월 17일 급성호흡곤란을 겪으며 신부전으로 중환자실로 옮겨졌으나 입원 후 6일 만에 결국 사망했습니다. 비슷한 증세를 앓은 마부는 한 달 반 동안 시름시름 앓다가 다행히 생명을 건졌습니다.

브리즈번에서의 괴질 사건이 있기 한 달 전, 브리즈번에서 북쪽으로 약 1,000킬로미터 정도 떨어진 맥케이에 있는 서러브레드 경주마 2필에서도 비슷한 사건이 일어났습니다. 1994년 8월에 브리즈번 사례처럼 10살짜리 임신한 서러브레드 경주마(10살)가 고열과 안면부종, 심한 호흡곤란을 앓으면서 증상을 보인 지 하루 만에 급사했습니다. 나머지 1마리는 방목해서 키우던 2살짜리 망아지였습니다. 이 망아지는 죽은 암말과 펜스를 사이에 두고 매우 친하게 지내던 말이었습니다. 이 망아지도 암말이 죽은 지 11일 만에 비슷한 증상을 보이면서 죽었습니다. 농장주는 이들 말이 앓고 있을 때 극진히 돌봤으며, 수의사인 자신의 부인이 죽은 말을 부검할 때도 같이 도왔습니다. 그 일이 있고 난 직후 그는 가벼운 뇌수막염을 앓았고 항생제 치료를 받아 호전되는 듯 했습니다. 그로부터 1년이 지난 1995년 9월 만성 피로에 시달리던 그는 갑자기 간질성 발작을 일으키면서 혼수상태에 빠졌다가 결국 사망했습니다. 죽은 말을 부검했던 수의사 부인은 다행히도 이 괴질에 걸리지 않았습니다.

호주 멜버른 인근 질롱에 위치한 연방동물위생연구소의 케니스 머레이 연구팀은 1994년 9월 22일 말이 죽은 원인을 분석해 달라는 긴급 연락을 받고 헨드라 경마장을 찾았습니다. 그들이 도착했을 때 이미 많은 말들이 죽어 있었습니다. 말을 부검해 보았을 때 급성출혈이 여러 장기에서 발견되었습니다. 케니스 머레이는 말에서 급성으로 죽을 수 있는 전염병들인 아프리카 마역(African horse sickness), 말 인플루엔자(equine influenza), 심급성 말 허피스바이러스(peracute equine herpesvirus), 각종 병원성 세균, 독약 등을 의심하고 검사해 보았지만 결과는 어느 것도 해당되지 않았습니다.

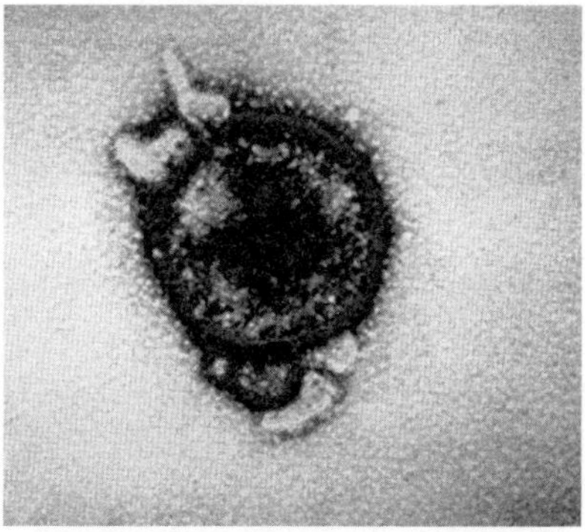

헨드라 바이러스. 박쥐로부터 말을 거쳐 사람에게도 감염이 되었다.

그러나 검사 결과는 당초 그렇게 빨리 나오리라 기대하지 않았던 곳에서 나왔습니다. 케니스 머레이는 죽은 말의 신장을 갈아서 실험실에 배양해 놓은 신장 세포에 접종했는데 어떤 바이러스가 며칠 이내에 배양세포들을 마치 소가 길바닥에 싼 똥처럼 뭉치며 급속하게 부풀리는 현상을 관찰하였습니다. 전자현미경으로 관찰했을 때 분리된 바이러스는 전형적인 파라믹소바이러스 입자를 가지고 있었습니다. 분리 바이러스를 특수 실험실에서 말에 감염시키자 헨드라 경마장에서 죽은 말과 동일한 증상이 나왔습니다. 처음에는 말 모빌리바이러스라고 불렀지만 나중에는 처음 분리된 곳의 지명이름을 따서 헨드라 바이러스로 이름을 바꾸었습니다.

헨드라 바이러스의 진원지

신종 바이러스의 출현으로 확인됨에 따라 헨드라 바이러스의 자연숙주를 찾아내는 것이 관심 사항으로 떠올랐습니다. 일단은 여태껏 인류에게 노출된 적이 없는 바이러스이기 때문에 자연히 야생동물에 초점이 맞추어졌습니다.

우선 발생지역에 있는 야생동물, 예를 들면 야생설치류(들쥐 등), 유대동물(캥거루 등), 조류, 양서류, 심지어 파충류까지 1995년 봄부터 6개월간에 걸쳐 조사했지만 자연숙주를 찾아내는 데 실패했습니다. 엄청난 시료를 채취해서 조사를 했지만 너무 많은 야생 동물 종을 조사하다 보니 실제로 각 동물 종별로는 오히려 샘플수가 적어서 자연숙주를 찾아낼 확률이 낮아진다는 점이 지적되었습니다.

그래서 자연숙주로서 역할을 할 가능성이 높은 야생동물 종을 다시 선택해 집중적으로 조사해 나가기로 합니다. 헨드라와 멕케이 지역에서 거의 비슷한 시기에 발생했다는 점에서 서로 1,000킬로미터나 떨어진 지역을 쉽게 오고갈 수 있으며 이들 발생지역의 말과 접촉이 빈번하거나 긴밀하게 접촉이 가능한 야생동물 종을 우선적으로 검토했습니다. 이들 조건에 맞아 떨어지는 동물은 먼 거리를 날아갈 수 있는 동물일 수밖에 없기 때문에 조류종과 박쥐종이 자연숙주 후보로 추정되었습니다.

그중에서도 가장 가능성이 있는 동물로 박쥐가 선정되었습니다. 박쥐는 비록 날아다니지만 조류가 아니라 포유류입니다. 포유류라는 점에서 박쥐와 사람 간 종간 장벽의 높이가 조류와 사람 간 종간 장벽의 높이보다 훨씬 낮게 작용할 수 있습니다. 그래서 바이러스가 보다 쉽게 스필오버할 수 있는 가능성을 가지고 있습니다. 이것은 나중에 니파 뇌염,

사스, 에볼라에서 증명이 되었습니다. 또한, 과거에 파라믹소바이러스가 이미 1970년대에 인도 박쥐에서 분리된 사례가 있었습니다. 이것은 호주에 서식하는 박쥐종도 파라믹소바이러스를 가지고 있을 가능성이 있다는 것을 의미했습니다.

사냥을 하거나 그물로 박쥐들을 강제 포획하는 방법 대신에 부상을 당해 쓰러져 있거나, 울타리 철사나 그물에 걸려 있거나, 병에 걸려 제대로 날지 못해 바닥에 떨어진 박쥐들을 대상으로 조사를 하였습니다. 호주에서 의외로 그런 사례들이 많이 있고 어쩌면 바이러스를 찾아내기에 오히려 더 수월할 것이라는 판단을 내린 것 같습니다. 자연숙주를 찾는 데 일차적인 성공은 1996년 4월에야 나왔습니다. 여러 박쥐 종 중에서 과일박쥐 종에서 헨드라 항체가 검출되었습니다. 곧이어 여러 장소에서 여러 과일박쥐 종에서도 헨드라 뇌염 항체가 검출되었습니다. 1996년 9월에 이르러서는 드디어 고대하던 헨드라 바이러스를 과일박쥐 종에서 분리하는 데 성공했습니다. 우연히 철조망에 걸려 있던 임신한 과일박쥐의 생식기 장기시료에서 바이러스가 분리되었는데 이 바이러스는 말에서 분리된 바이러스와 항원 차이가 발견되지 않았습니다. 그리고 연이은 조사 결과에서 놀랍게도 호주 퀸슬랜드 주 과일박쥐 종 개체의 약 47퍼센트가 헨드라 뇌염 항체를 가지고 있었습니다. 과일박쥐 종 사이에서 광범위하게 헨드라 바이러스가 퍼져 있었고, 과일박쥐 종들이 아무런 증상 없이 바이러스 보유하고 있다는 사실로 과일박쥐는 헨드라 바이러스의 자연숙주로서의 지위를 인정받게 되었습니다.

어떻게 신종 바이러스가 박쥐에서 말로 스필오버에 성공하여 발생했을까요? 말을 가지고 한 동물실험에서 전염경로는 어느 정도 밝혀지게 되었습니다. 호흡기 전염은 되지 않으나 접촉 감염(콧물 → 입으로 섭취)은 가능한 것으로 입증되었고, 감염된 말이 흘리는 콧물에서도 바이러스가 다량 검출되었습니다. 그래서 우리는 헨드라 경마사육장에서의 헨드라 뇌염 집단 발생 상황을 쉽게 짐작할 수 있습니다. 1994년 사육장에 있던 감염 말들은 모두 심한 콧물을 흘렸습니다. 얼마나 심했던지 일부 말에서는 콧물 속에 피가 묻어 나올 정도였습니다. 아마도 말끼리 서로 부비는 과정에서 감염말의 콧물이 다른 말에 묻어서, 또는 감염 말이 흘린 콧물이 묻은 목초나 사료를 다른 말이 먹어서 말들 사이에서 헨드라 뇌염이 전염되었을 것입니다. 감염 말을 돌보던 마부와 조련사도 말을 어루만지면서 콧물이 손에 묻었을 것입니다. 특히 마부는 손에 상처까지 있었습니다. 오염된 손으로 부지불식간에 코나 눈이나 입술을 만지면서 바이러스는 몸에 흘러들어갔을 것입니다.

여기까지는 헨드라 뇌염이 전염되는 과정을 쉽게 짐작할 수 있으나, 문제는 과일박쥐에서 말로 바이러스가 어떤 접촉 과정을 거쳐서 넘어갔느냐 하는 부분입니다. 사실 박쥐와 말이 접촉할 수 있는 연결고리는 매우 제한되어 있습니다. 가장 쉬운 것은 과일박쥐가 우연히 경마사육장에 들어오는 경우를 상상할 수 있습니다. 아마도 과일 먹이가 사육장 안에 있었고 주변 지역에 박쥐가 먹을 과일이 부족했을 가능성도 배제할 수 없습니다. 그래서 사료나 말이 먹는 목초를 오염시킬 수가 있었을지도 모릅니다.

헨드라 발생사례에서 주목할 만한 단서가 되는 부분이 있습니다. 처음 헨드라 뇌염 감염이 이루어진 장소는 사육장이 아니라 방목장이라는 것입니다. 방목하던 암컷 말이 걸려서 사육장 안에 있던 다른 말들에게로 바이러스를 퍼트린 것입니다. 그래서 우리는 방목장에서의 말과 과일박쥐 간의 접촉 과정을 상상해 볼 수 있습니다. 방목장 안에 과일나무가 있거나 인근에 과일 나무가 있었고, 과일박쥐가 나무에 열려 있는 과일을 먹습니다. 그리고 먹다 만 과일들을 방목장 안에 떨어뜨립니다. 그 과일에는 박쥐의 타액이 잔뜩 묻어 있습니다. 그것을 방목 중이던 말이 발견하고 맛있게 먹습니다, 그리고 그 말은 며칠 지나지 않아 앓아눕게 됩니다. 이와 유사한 스필오버 시나리오가 방글라데시에서 1995년 시골 아이들이 박쥐가 먹다 만 망고를 먹고 니파 뇌염에 걸려 죽은 사건이나 1998년 말레이시아 양돈장에서 니파 뇌염 출현 과정에서도 나타납니다.

말레이시아 니파 뇌염

돼지 농장의 과일박쥐

말레이시아는 돼지고기를 먹지 않는 이슬람국가입니다. 그럼에도 불구하고 이슬람을 믿지 않는 화교(전체인구의 25퍼센트) 등 다른 민족들을 감안하여 사육 자체는 허용하고 있습니다. 그러므로 양돈 산업은 한국이나 대만처럼 산업 규모가 그리 크지 않습니다. 돼지 사육(공급)과 돼지고기 소비(수요)는 주로 화교들 사이에서 이루어지고 있습니다. 그래서 화교들이 많이 거주하는 지역을 중심으로 양돈장들이 있습니다. 대부분의 양돈 농장은 수십에서 수백 마리 돼지를 키우는 영세한 규모입니다.

주석 생산지로 대도시가 된 이포 시의 킨타 계곡에 위치한 LSN 농장은 말레이시아의 대표적인 대규모 양돈장이었습니다. 1998년 당시

이 농장에서 사육하고 있던 돼지는 약 3만 마리 정도였습니다. 말레이시아에서의 양돈 산업 규모와 현황을 감안하면 LSN 농장이라면 엄청 큰 양돈장입니다. 아마도 말레이시아에서도 제일 큰 양돈장이 아닐까 싶습니다. 돼지 사육이 많은 우리나라에서도 돼지 3만 마리를 키우는 농장이 드물 정도니까요. 이 LSN 농장이 1998년 3월에 말레이지아 전체를 전염병 공포로 몰아넣은 주범, 니파 뇌염이 처음 출현했던 장소입니다.

숲 속의 과일박쥐. 일명 flying fox라고 불리는 박쥐 종이다.

이 농장은 말레이시아의 대표적인 열대 우림에서 얼마 떨어지지 않은 곳에 위치해 있었고, 농장 안에는 큰 과수원이 있었습니다. 열대 우림은 과일박쥐들의 주된 서식처입니다. 말레이시아의 대표적인 박쥐 종은 과일박쥐입니다. 박쥐 중에서는 덩치가 제일 큰 종입니다. 날개를 펼치면 길이가 1미터가 넘습니다. 주둥이가 가늘어서 꽃가루, 과즙, 과일 등을 먹고 살기 때문에 과일박쥐라고 부릅니다. 그 얼굴 모양이 여우와 비슷하다 하여 "날아다니는 여우(flying fox)"라고도 부릅니다. 박쥐라고 하면 으레 동굴에 거꾸로 매달려 사는 것을 상상하지만, 과일박쥐들은 덩치가 크다 보니까 동굴에 매달려 살 수 없어 나뭇가지에 매달려 살아갑니다.

사실 과일박쥐는 열대 우림에서 벌과 같은 존재입니다. 열대 우림에서 씨를 뿌려 주고 수분을 매개하는 중요한 동물이기 때문입니다. 이들은 계절에 따라 서식처를 옮겨 다니는 습성이 있는데 과일이 풍부한 가을에 번식기를 보냅니다. 가장 충분히 영양분을 확보할 수 있기 때문입니다. 과일박쥐는 가뭄이나 산림개간으로 열대림 속의 과일이 부족하게 되면 과수원으로 와서 그들을 위한 만찬(?)을 즐깁니다.

이 농장의 일부 과일 나무의 나뭇가지는 돼지가 사육되는 개방된 울타리 너머로까지 뻗어 있었습니다. 과일박쥐는 이들 과일나무 가지에 있는 과일 망고를 먹었고, 먹다 만 과일은 돼지우리 안으로 떨어졌을 것입니다. 그리고 돼지는 그 맛있는 과일이 떨어지기가 무섭게 먹어치웠겠지요. 아마도 돼지는 과일박쥐가 떨어뜨려 준 것을 무척이나 고맙게 여겼을 것입니다. 공존공생이라 하면서 말입니다.

돼지들의 죽음과 사람의 감염

1998년 9월 농장에 사육 중인 돼지 한두 마리가 알 수 없는 병에 걸려 거칠게 숨을 몰아쉬기 시작했습니다. 그리고 하루가 다르게 돼지들 사이에 이 병은 퍼져 나갔습니다. 병에 걸린 돼지가 내는 기침 소리가 농장 1마일(약 1.6킬로미터) 밖에서도 들릴 정도로 엄청나게 크게 킨타 계곡에 메아리처럼 울려 퍼졌습니다. 이들 돼지들의 기침에는 피가 섞여 있기도 했습니다. 일부 엄마 돼지들은 돈사 벽에다 머리를 박고, 몸을 비틀고 발작하거나 경련을 일으키며 하루 만에 죽어 나갔습니다.

이 병은 당시 병에 걸린 돼지들의 기침 소리가 아주 심했기 때문에 돼지고함병이라고도 불렸습니다. 이어 농장과 인근에 있던 거의 모든 동물이 앓아 눕기 시작했습니다. 양들이 앓아누웠고, 개도 쓰러졌습니다. 고양이와 말도 심한 기침 소리를 내며 쓰러졌습니다. 얼마 후 이상한 전염병은 돼지 농장에서 일하는 사람에게도 나타났습니다. 같은 마을에서 살며 돼지 농장에서 일하는 한 주민이 고열과 함께 엄청난 두통에 시달리며 인근 병원에 입원하게 됩니다. 그 환자는 얼마 되지 않아 혼수상태에 빠져 결국 사망하고 말았습니다. 사망 환자의 뇌 척수액에서 일본뇌염 항체가 검출되었습니다. 그래서 사망원인은 일본뇌염으로 기록되었습니다.

이 병에 걸린 환자들이 한두 명씩 지속적으로 늘어 가자 말레이시아에 일본뇌염 주의보가 발령됩니다. 일본뇌염 백신 공급이 부족해지자 말레이시아는 한국의 모 제약회사로부터 일본뇌염 백신을 수입해 가기도 했습니다. 하지만 다음해 2월이 되면서 상황은 급변했습니다. 양돈장이 밀집되어 있는 네게리 셈빌란 지역으로 괴질이 퍼지면서 감염환자와 사망자가 급증하기 시작했습니다. 이들 지역 또한 화교들이 많이 거주하는 지역으로 이들을 대상으로 말레이시아 내에서도 돼지산업이 발달해 있었습니다. 대부분의 환자는 네게리 셈빌란 주에서 발생했으며 그것도 3월과 4월에 집중해서 발생했습니다. 1998년에서 1999년까지 총 265명의 환자가 발생하여 이 중 105명이 사망하였습니다. 치사율 39.6퍼센트에 달하는 무서운 전염병이 돈 것입니다.

이 괴질에 걸린 환자 대부분은 돼지와 관련된 일을 하던 남자들이었습니다. 양돈장에서 인부로 일하거나, 돼지농장을 경영하는 주인이거나, 농장 주인의 일손을 도와주는 가족이나 친척들이었습니다. 다른 환자들은 돼지를 판매하거나 운송하던 사람들이었고, 일부는 도축장에서 종사하는 사람이었습니다.

처음 시작된 것도 돼지농장이었고, 지역에서 지역으로 이 병을 퍼 나른 것도 돼지 이동(화교 친지들 간 거래)이었고, 사람에게 병을 옮긴 것도 돼지였습니다. 가장 대표적으로 알려진 전파 사례가 싱가포르 도축장 사건입니다. 말레이시아에서 대유행하던 3월 중순 이 병은 말레이시아 국경을 넘어 싱가포르의 한 도축장에서도 발생했습니다. 말레이시아에서 넘어 온 돼지들을 도축하던 인부 11명이 감염 발병하였고, 이 중 1명이 사망했습니다. 이 도축장은 도축 물량의 80퍼센트를 말레이시아로부터 수입하고 있었습니다.

그래서 1999년 3월부터 괴질에 감염된 돼지와 그 주변 돼지에 대한 집단 도살 작업에 들어서게 됩니다. 당시 두 달 동안 진행된 이 작업에서 돼지를 사육하는 약 900개 농가의 약 90만 두가 도살되었습니다. 1998년 당시 말레이시아에선 2,100농가가 230만 두의 돼지를 사육하고 있었습니다. 그러니까 말레이시아에서 사육되는 돼지의 거의 40퍼센트를 제거한 셈입니다. 돼지를 도살하고 나서 문제의 괴질은 사라졌습니다. 돼지가 사람에게 질병을 퍼트린 것은 분명해 보입니다.

니파 뇌염의 실체

말레이시아 페락 주에서의 최초 감염 환자는 LSN 양돈장에서 일하고 있던 마을 주민으로, 일본뇌염 진단을 받았습니다. 이곳은 일본뇌염을 퍼트리는 모기들이 사시사철 끊임없이 돌아다니는 열대 지역입니다. 그리고 일본뇌염 바이러스를 증폭시키는 숙주인 돼지도 사육하고 있는 지역입니다. 그래서 말레이시아는 다른 동남아시아지역과 마찬가지로 일본뇌염 상재 발생국입니다. 말레이시아의 경우 매년 평균 53명의 일본뇌염 환자가 발생하고 매년 평균 3명 정도 사망합니다. 그래서 최초 감염환자는 여러 정황상 그리고 일본뇌염 항체가 뇌척수액에서 나왔기 때문에 쉽게 일본뇌염으로 진단을 내렸던 것으로 추측됩니다.

일반적으로 신종 전염병이 출현하는 경우 진단을 하는 데 많은 어려움을 겪을 수 있습니다. 왜냐하면 인간, 특히 출현지역 사람들에겐 전혀 새로운 것이기 때문입니다. 그래서 그것을 진단할 수 있는 능력이 제한되어 있습니다. 무엇보다도 신종 전염병이기 때문에 검사대상 의심 전염병 목록에서 빠지기 십상입니다. 1999년 니파 뇌염의 경우에도 일본뇌염이 주범이 아님을 알고도 미지의 병원체를 찾아내는 데 한 달 이상을 소비했습니다. 1999년 미국 뉴욕에서 초가을에 발생한 웨스트나일 뇌염의 경우에도 처음에는 성루이스 뇌염라고 진단을 내렸습니다. 교차반응이 있고 웨스트나일 바이러스가 북미 역사상 출현한 적이 없었기 때문이기도 하였을 것입니다. 곧이어 웨스트나일 바이러스로 판명되었지만 말입니다. 2003년 사스가 한창 전 세계를 휘젓고 다닐 때, 이 괴질을 일으킨 주범에 대한 논란이 있었습니다.

말레이시아를 뒤흔든 괴질이 일본뇌염이 아닐 것이라는 의심은 모기 퇴치운동과 함께 일본뇌염 백신주사를 맞은 사람들에서도 발병하였다는 데서 시작되었습니다. 일본뇌염의 경우 면역기능이 취약한 어린아이나 노인들에서 주로 발병하는 특징이 있습니다. 그런데 괴질에 걸린 사람들 대부분은 20대 이상의 젊은 청년들이 압도적으로 많았습니다(전체 환자의 92.4퍼센트). 역학적으로 일본뇌염과 좀 맞지 않은 부분입니다. 그리고 병에 걸린 환자들이 뇌염증상만 나타내는 것이 아니라 호흡곤란 등을 나타내는 것에서도 차이가 관찰되었습니다.

신종 전염병을 일으킨 주범을 찾는 일은 말레이시아 말라야대학 미생물학 교수인 카우 빙 츄아와 미국 질병방제센터의 두 연구팀 그리고 호주연방 과학산업연구기구 동물위생연구소 연구팀에 의해서 이루어졌습니다. 이들은 합동으로 1999년 3월 초 당시 니파 마을에서 괴질에 걸려 뇌염으로 사망한 환자의 뇌척수액을 가지고 연구를 시작했습니다. 뇌척수액은 원숭이 콩팥세포에서 쉽게 증식하여 세포들끼리 엉겨 붙어서 거대한 하나의 세포들을 형성하게 만들었으며, 배양 바이러스를 전자현미경으로 관찰하였을 때 전형적인 파라믹소바이러스 입자 형태를 보였습니다. 그리고 이 바이러스는 1994년 호주에서 경주마와 그 조련사를 사망케 한 헨드라 뇌염과 유사한 특성을 보였습니다. 이들은 분리된 바이러스를 마을이름을 따서 니파 바이러스라고 명명하게 되었습니다.

니파 바이러스는 어디에서 왔을까요? 사실 질병이 발생하였을 때 중요하게 풀어야 할 문제 중에 하나는 그 전염병이 어떻게 사람 집단에 들어와서 전파되었는지를 밝히는 것입니다. 쉽게 말해서, 니파 바이러스를 가지고 있는 자연숙주를 찾아내는 일입니다. 사실 니파 바이러스 자연숙주를 찾아내는 일은 그리 어렵지 않았습니다. 니파 바이러스보다 앞서 출현했던 신종 전염병 선배인 헨드라 바이러스 덕분입니다. 니파 바이러스는 1994년에 호주에서 나타난 신종 전염병인 헨드라 바이러스와 매우 유사했고 헨드라 바이러스의 자연숙주가 과일박쥐라는 것이 이미 밝혀져 있었기 때문이었습니다. 사실 과일 박쥐에서 바이러스만 분리하는 데 성공한다면 니파 뇌염의 인간 출현에 대한 연결고리가 이미 각본을 짜 놓았던 것처럼 풀릴 것이라는 기대가 있었습니다.

헨드라 바이러스와 유사한 니파 바이러스로 확인된 순간부터 많은 과학자들이 곧바로 박쥐를 대상으로 자연숙주 찾기에 나섰습니다. 니파 바이러스를 분리하는 데 주도적인 역할을 했던 말라야 대학의 카우빙 츄아도 자연숙주 찾기에 나섰습니다. 츄아는 2000년 6월 드디어 과일박쥐 오줌에서 니파 바이러스를 분리하는 데 성공했습니다. 니파 바이러스가 말레이시아에 사는 사람들에게서 사라진 지 일 년이 지난 시점이었습니다.

많은 과학자들이 미리 예측했던 대로 과일박쥐의 많은 개체에서 니파 뇌염 항체를 보유하고 있었습니다. 이들 박쥐들은 니파 바이러스를 가지고 있어도 아무런 증상을 보이지 않았습니다. 과일 박쥐(오줌)에서 니파 바이러스가 분리되었습니다. 그리고 이어진 호주 연구팀의 동물실험을 통해 과일박쥐가 니파 바이러스의 자연숙주임이 증명되었습니다. 실험 박쥐는 특별한 증상을 보이지도 않으면서도 침과 오줌을 통해 바이러스를 배출했습니다. 이 결과는 니파 뇌염이 사람에게 어떻게 나타날 수 있었는가에 대한 연결고리를 추정할 수 있게 해주었습니다.

인간이 만든 비극?

일부에서는 과일박쥐들이 왜 킨타 계곡으로 몰려 들었는지에 대하여 인간이 스스로 만든 비극이라고 말합니다. 1997년 인도네시아 보르네오와 수마트라에 처녀림 천만 에이커 이상이 산불로 없어졌고 그로 인한 거대한 연무로 인해 과일 수확량이 급감함에 따라 그곳에 서식하던 과일박쥐들이 킨타 계곡으로 몰려 들었다는 것입니다. 그리고 그러한 상황은 결국 인간이 벌목하고 산림을 개간하는 인간의 탐욕에서 벌어진 비극이라고 말합니다.

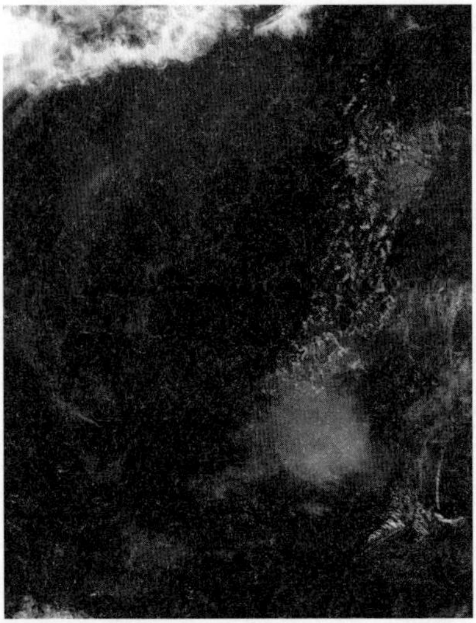

보르네오 대화재. 사진에서 희게 보이는 부분이 화재로 인해 생겨난 연기 구름이다.

다행스러운 점은 니파 뇌염이 호흡기를 통한 전염보다는 돼지 분비물과 긴밀한 접촉을 통해서만 전염되고, 사람들 사이에서 전염이 거의 이루어지지 않았다는 것입니다. 만약 이 질병이 호흡기를 통해 전염되는 특징을 가졌다면 전혀 다른 상황이 되었을지 모릅니다.

말레이시아에서 니파 뇌염은

인간이 그 정체에 대해서 관심을 가진 직후 인간으로부터 사라졌습니다. 인간은 그들이 어떻게 행동하는지를 알아 버렸고, 더 이상 돌아다니지 못하도록 길목을 막아버렸습니다. 그럼에도 불구하고 니파 바이러스는 분명 밀림의 어느 곳에선가 과일박쥐들의 몸속에 숨어서 살고 있을 것입니다. 과일박쥐에서 니파 바이러스가 분리된 때는 말레이시아 사람집단에서 니파 뇌염이 사라진 지 1년이 지난 시점이었습니다. 바이러스가 분리된 지역도 니파 바이러스가 발생했던 지역이 아니라 말레이시아 본토에서 떨어져 있는 작은 섬입니다. 언제 어디서든 니파 바이러스는 종간장벽을 뛰어 넘을 절호의 스필오버 기회를 호시탐탐 노리고 있다는 의미입니다. 니파 바이러스는 다시 인류에게 경고라도 하려는 듯이 말레이시아를 떠나 2년 뒤 방글라데시에서 훨씬 더 치명적인 형태로 나타났습니다.

방글라데시 니파 뇌염

주민들의 생계 수단인 대추야자

얼마 전 제주도에 모처럼 가족여행을 갔습니다. 공항에서부터 이국적인 정경은 사람을 참으로 즐겁게 합니다. 그러한 이국적 풍경을 만들어내는 것 중 하나가 야자나무였습니다. 그 장대한 모습과 탁 트인 주변 풍경은 일상에 찌든 마음속의 때를 쓸이내기에 충분했습니다.

대추야자는 열대 오아시스 나무 중 하나입니다. 그 열매가 익으면 마치 빨간색의 대추와 같이 생겼다 하여 대추야자라고 불리는 나무입니다. 중동 사막지역에서 대추야자 열매는 단순히 기호음식이 아니라 생명을 유지시키는 주식입니다. 대추야자 열매는 에너지원인 과당, 포도당, 설탕이 엄청나게 많이 들어 있어서 그 달콤함이 이루 말할 수 없다고 합니다. 구약성서 창세기편에 나오는 하와와 아담이 뱀의 유혹에 빠져 따 먹었다는 선악과 열매가 대추야자라고 주장하는 분도 있다고 합니다. 아프리카나 중동지역에 갈 기회가 된다면 근사한 과일가게에 들러 달콤하고 시원한 대추야자즙 한잔 먹어보고 싶습니다.

대추야자. 열대 지방에서 자라는 나무로 방글라데시 주민들에게는 생계 수단이었다.

2004년 12월 방글라데시 바자일 지역의 한 마을, 매년 그래왔던 것처럼 대추야자 주인들은 자신들 소유의 나무에 올라가는 일에 바빠졌습니다. 대추야자즙을 밤새 모은 항아리를 걷어 오기 위해서입니다. 방글라데시나 인도 지방에서 대추야자즙은 오늘날 우리가 아침마다 한 잔씩 들이키는 우유와 같은 존재입니다. 대추야자즙 한 잔은 방글라데시 사람들에겐 자연 강장제입니다. 그래서 대추야자즙을 받아서 파는 일은 시골 사람들에겐 짭짤한 돈벌이 수단입니다. 그러나 방글라데시에서 대추야자즙은 12월에서 2월까지 우리로 치면 동절기에 해당하는 몇 달 동안에만 채취가 가능한 한철 장사입니다.

주민들은 늦은 오후에 수 미터 높이의 야자나무를 타고 올라가 나무 몸통 꼭대기 근처 한쪽 면의 나무껍질을 벗겨냅니다. 그리고 벗겨진 면에다가 V자 형태로 홈을 여러 개 팝니다. 그리고 홈을 판 바로 아래에 대롱을 받쳐 둡니다. 대롱은 대나무를 반으로 쪼개어 만든 것입니다.

그러면 V자 홈에서 스며 나온 대추야자즙이 흘러내리면서 밑에 받쳐 둔 대롱 안으로 흘러들어 옵니다. 그리고 대롱을 타고 흘러내려온 대추야자즙이 떨어지면 받을 수 있는 항아리를 매달아 놓습니다. 그러면 항아리 안으로 대추야자즙이 마치 수도꼭지를 덜 잠가 놓은 것처럼 방울방울 떨어집니다. 위장병에 좋다는 고로쇠 수액을 채취하는 것과 비슷한 원리라고 보면 될 것입니다.

밤새 대추야자즙은 깎아 놓은 홈에서 스며 나와 대롱을 타고 흘러내려 항아리 속에 모입니다. 티끌 모아 태산이라고 하듯 밤새 모으면 적게는 1리터에서 많게는 3리터까지 모입니다. 날이 밝아 오면 주인들은 나무에 올라가 대추야자즙이 가득 찬 항아리들을 들고 내려옵니다. 그리고 수십 리터 되는 알루미늄 통에다가 모은 대추야자즙을 부어 넣습니다. 어떤 사람들은 곧장 인근 마을로 내려가서 집집마다 다니면서 팝니다. 어떤 사람들은 도로변에 앉아 누군가 사러 오기를 기다립니다. 서너 시간이 지나면 대추야자즙이 쉽게 발효되어 우유처럼 상하기 때문에 가능한 빨리 팔아야 합니다. 그래서 남은 대추야자즙은 이른 아침에 시장에 가서 떨이로 팝니다. 대개 대추야자즙을 사러 나온 사람들은 유리병을 가지고 와서 사 갑니다. 마치 등산객을 대상으로 산 정상에서 막걸리를 팔듯이, 큰 알루미늄 통에 있는 대추야자즙을 바가지로 퍼서 유리병에 담아 줍니다.

대추야자 주인들에게 과일박쥐는 참으로 성가신 존재입니다. 주인들이 즙을 받기 위해 항아리를 달아 놓으면 밤새 조용히 와서 얌체같이 도둑질해서 먹기 때문입니다. 야행성인 과일박쥐는 항아리가 있는 야자

나무를 기가 막히게 찾아내서 대롱을 따라 흘러내리는 야자즙을 빨아 먹습니다. 그냥 먹는 게 아니라 항아리 바깥에다가 친절하게도 잊지 않고 볼일까지 보고 가는 밤손님입니다. 가끔씩 항아리에 주둥이를 대고 항아리에 넘쳐 나는 야자즙을 먹기도 합니다. 그러다가 가끔씩 항아리 안에 무리하게 몸을 들이대다가 빠져 죽는 경우도 있습니다. 참다 못한 주인들은 항아리 주둥이에 천 조각을 대어 박쥐들이 들어가지 못하게 했습니다.

독배가 된 대추야자

2004년 12월 말, 대추야자즙을 팔던 마을에서 큰 문제가 발생했습니다. 인근 마을 6살짜리 아이가 고열과 함께 심한 두통, 구토 증세를 보였습니다. 그 후 매일 한두 명의 사람들이 고열 증상을 보이면서 앓아눕더니 채 일주일도 지나지 않아 사망하는 일이 벌어졌습니다. 한 달 동안 반경 8킬로미터 이내에 살고 있던 사람들 사이에서 12명의 환자가 발생했습니다. 그 중 제일 처음 앓았던 6살짜리 아이만 빼고 모두 사망했습니다. 치사율 92퍼센트의 엄청나게 끔찍한 질병이 발생한 것입니다. 그래서 그 지역에 사는 120명의 주민들은 마치 연쇄살인 사건이 발생한 것과 같은 엄청난 공포에 떨어야 했습니다. 다행히 다음 해 1월 말, 그러니까 한 달 만에 모든 상황이 끝났지만 말입니다.

감염 환자들 대부분이 근처에 있는 한 마을에서 채취한 대추야자즙을 생즙으로 사 먹은 것이 밝혀졌습니다. 최초 환자도 며칠 전에 바로 그 문제의 마을에 사는 친척으로부터 대추야자즙을 얻어 먹었습니다. 대추야자즙을 준 친척도 사랑하는 자신의 아이를 잃었습니다. 그 아이는 아버지가 받아 준 대추야자즙을 거의 매일 먹었습니다. 야자즙을 채취했던 아버지는 야자즙을 채취하는 나무에 과일박쥐가 출몰하는 것을 대수롭지 않게 넘겼습니다. 심지어 항아리에 배설물 흔적들이 널려있는데도 말입니다. 문제의 괴질은 누군가가 집어넣은 독이 아니라, 니파 바이러스에 의한 전염병 발병이었습니다. 그것은 신이 내린 축복의 과즙이 아니라 독이 든 성배였던 것입니다.

여기서 우리는 니파 바이러스가 어떻게 출현했는지, 그 가능한 시나리오를 상상할 수 있습니다. 문제의 마을에서 1킬로미터 정도밖에 떨어지지 않은 곳에 과일박쥐들이 서식하는 장소가 있습니다. 그래서 쉽게 문제의 마을에 밤새 들어와서 야자즙을 먹었을 것입니다. 이들 과일박쥐 개체 중 일부는 니파 바이러스를 보유하고 있었을 것입니다. 사실 그 이전인 2001년부터 거의 매년 야자즙 채취 기간 중인 12월에서 3월 사이에 방글라데시 어딘가에서 니파 뇌염 발생으로 소동이 있었습니다. 이 시기의 과일박쥐들은 임신기간이어서 면역력이 약해져서 바이러스 증식이 보다 용이해지는 것도 한몫을 했을 것으로 보입니다.

이들 박쥐들은 야자즙을 먹으면서 항아리 안에 오줌도 싸고 침도 많이 흘렸을 것입니다. 감염된 박쥐의 오줌이나 침을 통해서 니파 바이러스가 배설된다는 것은 이미 밝혀져 있습니다. 그래서 이들 박쥐로부터 니파 바이러스가 야자즙을 오염시켰을 것입니다. 그리고 채취한 지 서너 시간 이내에 팔아야 하는, 즉 신선함을 생명으로 하는 야자즙 덕분에 바이러스는 죽지 않고 곧바로 사람의 입으로 들어가게 되었을 것입니다. 아이러니컬하게도, 야자즙을 팔았던 사람들 중에서 니파 뇌염에 걸려 앓아누웠던 사람은 한 명도 없었습니다. 그들이 받은 야자즙을 사 먹거나 선물로 받아 먹었던 사람들만 희생되었습니다.

바이러스를 분석한 연구 결과들을 보면 방글라데시에서 유행했던 바이러스들은 말레이시아에서 문제되었던 바이러스와 유전적으로 차이가 있는 것이 발견되었습니다. 다시 말해 말레이시아에서 문제를 일으킨 니파 바이러스를 가진 과일박쥐가 방글라데시로 넘어온 것이 아니라, 방글라데시에서 오래전부터 서식하던 과일박쥐가 가지고 있던 니파 바이러스라는 것을 의미합니다. 또 다르게 해석하자면 말레이시아와 방글라데시에서 니파 바이러스를 가진 과일박쥐의 종이 서로 달랐기 때문일 수도 있습니다. 과일박쥐 종이 다르면 바이러스도 다를 수 있기 때문입니다.

사실 사람들이 채취하는 야자즙을 박쥐가 먹었다고, 먹는 음식(?)에 바이러스들을 쏟아냈다고 박쥐들만 욕할 것이 못됩니다. 원죄를 지은 것은 인간입니다. 사람들은 먹거리 생산을 위하여, 그래서 보다 많은 돈을 벌기 위하여 과일박쥐들이 살던 나무숲을 없애 버렸습니다. 과일박쥐들은 그들의 정든 안식처와 보금자리를 잃어갔습니다. 사람들은 쌀을 얻기 위해 논을 개간하였습니다. 설탕을 얻기 위해 사탕수수밭을 만들었습니다. 그리고 과일 생산을 위해 마을 근처나 집 안에 과일나무들을 심었습니다. 과일박쥐들은 생존하기 위하여 자신들이 접촉하길 싫어하는 사람들 곁으로 야밤에 도둑질 하듯이 가야만 했습니다. 그리고 일용

할 양식을 가져갔습니다. 더불어 그들의 터전을 빼앗은 인간들에게 보복할 수 있는 독을 뿌려 놓고 갔던 것입니다.

북미의 웨스트나일 뇌염

알렉산더 대왕의 사인

얼마 전에 방영되었던 드라마 〈주몽〉을 시청하다 보면 세 발 달린 까마귀 삼족오(三足烏)가 그려진 깃발이 나옵니다. 삼족오는 고대 동북아시아 지역 샤머니즘에서 신과 인간 세계를 연결하고 태양 속에 사는 태양신으로 숭배하는 전설 속의 새입니다. 고대 샤머니즘 시대에는 삼족오가 호불호를 떠나 숭배의 대상이었던 것입니다.

어릴 적 시골에서 묘지에서 제사를 지내는 경우가 있었습니다. 그럴 때면 아무것도 모르는 어린 우리들은 무덤 아래에서 천 보자기를 하나 걸쳐 매고 제사가 끝나길 기다렸습니다. 제사가 끝나면 상주는 준비해 온 떡과 고기를 어린 우리들에게 나눠 주곤 했습니다. 그때마다 어김없이 하늘을 맴돌고 있던 새들이 까마귀들이었습니다. 사람들이 많이 모이는 장례, 먹다 남은 음식물을 버리는 공동묘지 등 죽음과 관련된 많은 장소에서 검은 색을 가진 새가 나타납니다. 우리에겐 검은 색이란 죽음을 나타내는 상징의 색깔입니다. 그래서 까마귀를 불길한 징조를 나타내는 흉조로 여기고 있나 봅니다.

그런데 사실은 새들 중에 가장 영리한 새가 까마귀라고 합니다. 이솝 우화에 보면 까마귀가 자신의 부리가 닿지 않는 물병 속에 있는 물을 먹기 위해 물병에 돌을 넣어 마셨다는 이야기가 나옵니다. 그런데 우화로만 그치는 것이 아니라 실제로 까마귀는 꼬챙이를 이용해서 나무통 속에 숨어 있는 애벌레를 잡아 먹기도 하고, 철사 같은 것을 구부려서 깡통 속 먹이를 꺼내 먹는다고 합니다. 캐나다 맥길 대학의 루이 르페브르는 까마귀가 새들 중에서 가장 머리가 뛰어나고 비둘기가 머리가 가장 나쁘다고 주장합니다. 우리가 악담으로 하는 욕설 중에 머리가 나쁘다고 지능을 새에 빗대어 표현하는 경우가 있는데, 이 '새'는 까마귀가 아니라 비둘기를 지칭한다고 봐야 할 것 같습니다. 사실 까마귀가 각종 흉사가 있을 때 주변을 서성이는 것은, 영리해서 그런 장소에서는 분명 풍족한 먹을거리가 있다는 것을 알기 때문입니다.

2003년 「신종 전염병(Emerging Infectious Disease)」지에 흥미로운 연구결과가 실렸습니다. 여기에서 미국 버지니아 대학의 존 마르와 콜로라도 주립대학 찰스 캘리셔는 그리스를 지배하고 페르시아제국을 멸망시키고 인도까지 침략한 알렉산더 대왕이 웨스트나일 바이러스라는 전염병에 걸려 사망했을지도 모른다는 주장을 폈습니다.

알렉산더 대왕은 32세에 사망했습니다. 그는 이란고원을 정복한 뒤

인도 인더스강에 이르렀다가 열병이 퍼지고 장마가 계속되자 기원전 323년에 바빌론(현재의 바그다드 부근)에 돌아와 2주간 앓다가 사망했습니다.

존 마르와 찰스 캘리셔가 웨스트나일 바이러스를 사망 원인으로 지목한 중요한 대목은 그리스 전기 작가 플루타르크의 기록에 나오는 한 문장이었다고 합니다.

"알렉산더가 바빌론 성벽에 가까이 왔을 때, 수많은 까마귀들이 날아다니면서 서로 쪼아 댔다. 그중 일부는 알렉산더의 앞에 떨어져 죽었다."

웨스트나일 바이러스는 원래 1937년 나일강 서부지역 우간다에서 고열을 앓고 있던 한 여성의 혈액에서 처음 분리된 바이러스입니다. 하지만 마르와 캘리셔는 웨스트나일 바이러스의 역사를 고대 마케도니아 제국 시절로 깊숙이 밀어 넣었습니다. 물론 아직 그들의 주장에 동의하기에는 의문점들이 많이 남아 있습니다.

알렉산더 대왕의 흉상. 이 젊은 위대한 영웅을 쓰러뜨린 것은 웨스트나일 뇌염이었을지도 모른다.

그중 하나가 알렉산더 대왕이 죽은 시점이 6월 중순이라는 점입니다. 중동지역의 웨스트나일 뇌염 유행 시기는 일반적으로 8월에서 9월입니다. 우리가 살고 있는 한국을 예로 들겠습니다. 일본뇌염은 웨스트나일 뇌염과 병원체도 유사하고 옮기는 모기도 유사합니다. 한국에서 일본뇌염모기는 봄철(4월)이면 이미 출현하지만 실제 일본뇌염 환자의 대부분은 8월말에서 9월 중순에 발생합니다.

또 이런 의문도 있습니다. "알렉산더 대왕이 웨스트나일 바이러스에 걸려 죽을 만큼 면역력이 약한 사람이었는가?"

웨스트나일 뇌염은 면역력이 약한 어린이나 노약자들에게 발생하는 질병입니다. 그러나 알렉산더 대왕은 32세의 건장한 성년이었습니다. 그 나이에 모기에 물려서 2주간 앓다가 뇌염으로 사망한다는 것은 설득력이 약해 보입니다.

사실 여기서 중요하게 언급해야 하는 포인트는 바빌론 성 앞의 '까마귀의 떼죽음'입니다. 미국에서 웨스트나일 뇌염의 대유행은 까마귀의 떼죽음을 가져왔기 때문입니다. 그 이전에 까마귀가 웨스트나일 바이러스에 걸려 떼죽음을 당했다는 사례 보고가 없었습니다. 그러면 "알렉산더 대왕이 세계를 지배하고 다니던 시절에 웨스트나일 바이러스는 까마귀를 떼죽음으로 몰고 갔을까?"라는 궁금증을 갖게 되는 건 당연한 일일 것입니다. 아마도 이 문제에 대해서는 미국의 사례를 보면 어느 정도 힌트를 얻을 수 있을 것입니다.

까마귀의 떼죽음

사실 웨스트나일 바이러스는 아프리카에서 이미 1937년에 알려진 바이러스입니다. 바이러스가 분리되지 않았을 뿐이지 오래전부터 있었던 것으로 알려져 있습니다. 아프리카에선 이 질병이 상재하다 보니 면역력을 획득해서 사람들이 감염되더라도 고열 등 독감유사 증상만 보인 후 대개 회복되었기 때문에 웨스트나일 열병이라고 불렀습니다. 그리고 1999년 북미지역에 웨스트나일 바이러스가 출현하기 이전부터 아프리카는 물론 유럽과 아시아에서는 일본뇌염처럼 모기 활동 지역에서 가끔씩 사람들에게서 뇌염을 일으키곤 했습니다.

독성이 한층 강화된 웨스트나일 바이러스는 1957년 이스라엘, 이후 37년 만인 1994년 아프리카 북부 알제리에서 나타났습니다. 그 이후 웨스트나일 뇌염은 유럽 남부지역과 이스라엘 등 중동지역에선 주기적으로 대유행을 일으켰습니다. 웨스트나일 뇌염이 유행했던 지역들은 한결같이 여름에서 초가을 사이에 아프리카와 북유럽을 오가는 철새 종들이 지나가는 중간 기착지 역할을 하는 곳입니다. 유럽과 중동지역에서는 웨스트나일 뇌염의 발생이 사람과 말에 치명적이지만 조류에서는 1998년 여름 이스라엘에서 발생한 단 한 건을 제외하고는 야생조류나 가금용 기러기(거위)가 집단으로 폐사하는 경우는 없었습니다.

매년 황새 수십만 마리가 북부 유럽에서 봄에서 여름에 거친 기간 동안 번식기를 보내고, 월동을 위해 아프리카로 이동합니다. 매년 그랬던 것처럼 1998년 8월 말에도 월동을 위해 아프리카로 남하하던 황새 수천 마리가 홍해 근처 이스라엘에 내려 앉아 잠시 머물렀습니다. 며칠이 지나자 어린 황새들이 원인도 모른 채 죽어가기 시작했습니다. 그리고 곧이어 그 지역에 사육하고 있던 기러기 160마리가 머리를 꼬든가 빙빙 도는 이상한 증상을 보이며 죽어 갔습니다.

이스라엘의 기러기 농장에서 웨스트나일 뇌염이 발생한 후 1년이 지난 시점인 1999년 7월 말, 러시아 남부지역 볼가강 서안에 위치한 볼고그라드(옛 지명 스탈린그라드)에서 웨스트나일 뇌염이 발생했습니다. 7월 말부터 9월까지 지속된 이 병의 유행으로 이 지역에서 940여 명이 고열과 심한 두통에 시달렸으며, 이 중 510여 명이 뇌염을 앓았습니다. 감염자의 95퍼센트가 볼가강 서쪽 볼고그라드 시나 볼가강 반대쪽 볼즈스키에서 발생했습니다. 이 중 40여 명이 사망했는데 대부분이 60세 이상이었습니다.

러시아에서 웨스트나일 뇌염이 한참 유행하던 시기인 1999년 8월말, 미국 뉴욕에 사는 까마귀들은 웨스트나일 뇌염으로 가장 큰 희생양이 되었습니다. 그 해 8월에서 9월 뉴욕 브롱스 동물원에서 병으로 죽은 까마귀 숫자가 수천이었습니다. 그 이외에도 칠레홍학, 가마우지, 대머리 독수리, 까치, 오리, 꿩 등 뉴욕의 동물원 외래 조류 20여 종들도 마찬가지로 죽어 나갔습니다. 전체 폐사 조류의 88퍼센트가 까마귀였습니다. 1999년 가을 뉴욕에서 까마귀 울음소리가 사라졌습니다. 미국 워싱턴에 있는 스미소니언 박물관 부속 내셔널 동물원의 스미소니언철새연구소 조류 전문가 샤농 라도의 연구 조사 결과에 의하면 웨스트나일이 유행하기 이전에 비해 2005년에는 어떤 소규모 지역에서 모든 까마귀가 죽기도 했으며 최고 45퍼센트까지 까마귀 수가 감소한 것으로 나타났습니다. 조류 중에서 제일 영리하다는 까마귀가 북미대륙에서 그렇게 처절하게 희생되었습니다.

이것으로 끝난 게 아니었습니다. 까마귀의 떼죽음이 있는 직후부터 뉴욕 브롱스 지역을 중심으로 뇌염 환자들이 나타나기 시작했습니다. 62명이 입원해야 했고 59명이 뇌염 증상을 보였는데 그중 7명이 사망하였습니다. 대부분이 60세 이상의 노인들이었습니다.

미국에서 처음 나타난 웨스트나일 바이러스는 야생조류의 이동에 따라 4년 만에 무서운 기세로 퍼져 나갔습니다. 1999년 이후 10년 동안 웨스트나일 바이러스에 걸린 사람만 약 29,000명에 달했고, 이 중 40퍼센트는 뇌염을 앓았습니다. 총 1,131명의 뇌염 환자가 사망했습니다. 대부분이 모기가 한창 극성을 부리는 8월과 9월에 집중적으로 발생했으며, 대부분은 면역력이 취약한 노인들(특히 60세 이상)이었습니다.

북미지역에서만 왜 그렇게 야생조류 종을 참담하게 만들었을까? 신종 플루에서도 언급한 바와 같이 북미지역에 사는 이들 야생조류 종들은 평생 웨스트나일 바이러스라는 것을 모르고 살았습니다. 그러다 보니 당연히 웨스트나일 바이러스에 대응하는 면역체계가 전혀 만들어지지 않았고 그래서 속수무책으로 당했던 것입니다. 과거 제국주의 시절에 천연두나 홍역을 가져온 서구 유럽인들이 이들 질병에 노출된 적이 없었던 아메리카 원주민들을 초토화시켰던 것과 같은 이치로 보면 됩니다. 다시 돌아가서 알렉산더 대왕의 시대에 바빌론 지역 까마귀들이 웨스트나일 바이러스에 걸렸다는 것이 맞다면, 그래서 바빌론 까마귀들이 떼죽음을 당했다면, 아마도 북미대륙의 경우처럼 바빌론 까마귀들에겐 웨스트나일 바이러스가 너무나 생소했을 가능성이 있습니다. 그 지역에서 신종 전염병이었다는 뜻입니다.

살인 모기라는 과장된 공포

여기서 우리는 웨스트나일 바이러스가 어떻게 전염되고 유지되는지 알아야 이 질병에 대해 이해하기가 훨씬 편해집니다.

몇 해 전만 해도 매년 여름철이 되면 미국에 살인모기가 돌아다니고 있으니 미국에 여행 가서 모기에 물리지 말라고 언론에서 권고하곤 했습니다. 그래서 웨스트나일 뇌염에 대해 알고 있거나 들어 본 사람들은 '살인모기'에 대한 기억이 있을 것입니다. 모기가 웨스트나일 뇌염을 옮기기 때문에 그러한 용어를 사용하는가 봅니다. 참으로 무서운 용어입니다. 비록 미국에서 발생이 줄어드는 경향을 보이고는 있지만 아직도 이 병은 여전히 미국에서 문제가 되고 있고, 캐나다와 멕시코 등 중남미지역으로 계속 남하하면서 확산되고 있습니다. 모기가 매개하는 웨스트나일 뇌염이 한번 옮겨 붙으면 근절하는 것이 얼마나 어려운 일인지 잘 보여주는 대표적인 사례라 할 수 있습니다. 사실 지역 내의 모든 모기를 완전히 없애지 않는 이상 불가능합니다.

웨스트나일 뇌염의 자연숙주는 야생조류입니다. 아프리카 지역에서는 오랫동안 바이러스와 야생조류 간 공생 관계가 형성되어 왔습니다. 그리고 야생조류 간 바이러스를 옮기는 것은 공기나 접촉에 의해서가 아니고 피를 빨아 먹고 사는 모기에 의해서입

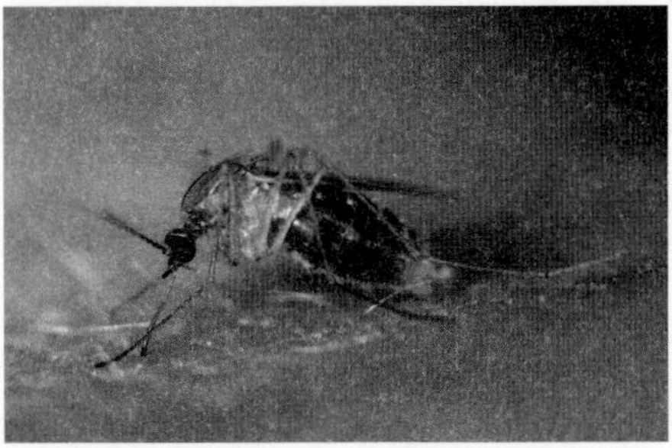

웨스트나일 뇌염을 옮긴 주범 모기. 모기는 피를 빨면서 소량의 바이러스를 옮긴다.

니다. 모기는 피를 빨아 먹으면서 단순히 바이러스를 옮기기만 하는 것이 아닙니다. 일단 흡혈에 의해 바이러스가 모기에 들어오면 소화관 내에서 증식해서 최소 백만 개 이상의 바이러스가 만들어집니다. 이 상태에서 모기가 다시 다른 조류 개체를 흡혈할 때 모기 타액을 통해 바이러스가 전염되는 구조를 가지고 있습니다. 이러한 매개 역할을 하는 곤충을 우리는 생물학적 매개자라고 부릅니다. 간혹 새의 피를 먹고 사는 모기들이 사람이나 말 등 다른 동물을 흡혈하는 경우가 발생하는데, 이때 모기 속에 있던 바이러스가 사람이나 말 등에 전염됩니다.

모기가 왜 흡혈을 할까? 모기는 기본적으로 알을 낳기 위한 에너지를 확보하기 위해 흡혈을 합니다. 즉 수컷은 흡혈을 하지 않는다는 의미입니다. 그리고 흡혈은 평균 3일에 한 번 정도 하고 그때마다 알을 낳습니다. 모기가 빨아 먹은 숙주동물의 피 속에 바이러스가 없다면 당연히 바이러스를 전염시킬 수 없습니다. 그렇다면 바이러스가 자연숙주들 사이에서 전염이 이루어지고 유지되려면 모기가 빨아 먹는 혈액 속에 바이러스가 얼마나 있어야 할까요?

모기가 한 번 빨아 먹는 피의 양은 약 5마이크로리터 정도입니다. 산술적으로 계산하더라도 혈액 1~5마이크로리터당 전염력이 있는 바이러스가 최소한 1개 이상 존재하고 있어야 한다는 것이 필요합니다. 즉 혈액 1밀리리터당 1,000개 정도의 바이러스가 돌아다녀야 한다는 의미입니다. 그런데 실제로는 숙주동물이 감염 후 혈액 1밀리리터당 10^5개 정도의 바이러스가 혈액 속에 돌아다녀야 모기가 흡혈하면서 다른 동물로 전염시킬 수 있습니다. 이것도 웨스트나일 바이러스를 잘 증폭시키는 모기 종에서의 수치이고, 바이러스 증식성이 떨어지는 모기 종은 이보다 수십 배에서 수백 배 이상 바이러스양이 많아야 합니다.

야생조류 종을 제외한 다른 동물들(예를 들면 사람, 말, 심지어 가금조류인 닭)은 웨스트나일 뇌염에 걸리더라도 모기가 흡혈해서 감염시킬 수 있을 만큼의 바이러스가 혈액 속에 돌아다니지 않습니다. 즉, 모기는 웨스트나일에 걸린 사람의 피를 빨아 먹어서 다른 사람에게 전염시킬 수 없습니다. 말이나 다른 동물도 마찬가지입니다. 오로지 야생조류만이 그 역할을 해낼 수가 있습니다. 그래서 야생조류가 자연숙주로서의 역할을 할 수 있는 것입니다.

미국 CDC의 니콜라스 코마르는 미국 텃새들을 대상으로 웨스트나일 바이러스를 감염시켰을 때 조류의 혈관 속에 얼마나 많은 바이러스가 얼마나 오랫동안 돌아다니는지 조사했습니다. 그 결과, 참새목 조류종(까마귀, 까치, 어치, 참새, 찌르레기 등)에서는 혈액 1밀리리터당 최소한 10^{10}개 이상의 바이러스가 돌아다니고 있었습니다. 이 정도의 양이면 혈액이 아니라 바이러스 덩어리나 마찬가지입니다. 그러니, 이들 새들이 죽지 않고 살아남을 수가 없었을 것입니다.

북미대륙에서 웨스트나일 뇌염이 처음 발생한 뉴욕 자연동물원은 남북 아메리카를 오가는 철새들의 중간 기착지 역할을 수행하는 곳이었습니다. 그리고 1999년 당시 2,700여 마리의 조류가 인근 존 F. 케네디공항을 통해 수입되었습니다. 아직도 웨스트나일 바이러스가 어떻게 미국에 들어왔는지 그 원인을 밝혀내지 못하고 있습니다. 다만, 바이러스 유전자 계통을 분석한 결과로는 1994년 이후 지중해변 국가들에서 출현했던 독성이 강한 바이러스 계통이었고, 그중에서도 1998년 이스라엘 기러기 농장에서 발생했던 바이러스와 가장 가까운 족보를 나타내었습니다. 이 결과만으로도 아마도 중동 지역에서 유행하는 바이러스가 뉴욕을 통해 들어왔을 것이라고 어렵지 않게 추정할 수 있습니다.

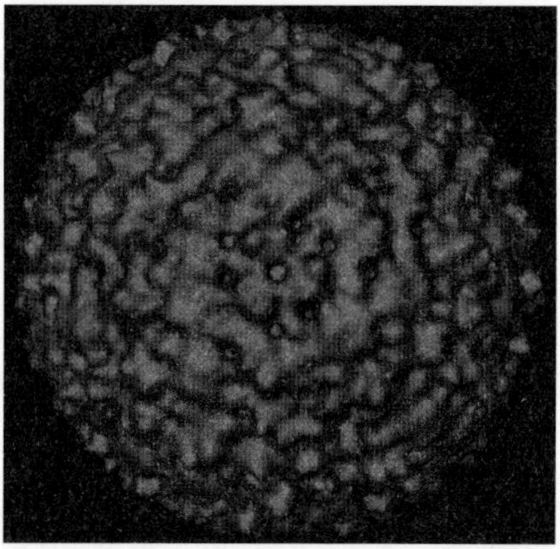
웨스트나일 바이러스. 이 바이러스가 북미 지역의 까마귀들을 몰살시킨 주범이다.

러시아에서의 웨스트나일 뇌염의 지역 간 이동 양상은 흥미롭습니다. 1999년 러시아 남부 볼고그라드에서 사람에게, 2002년에서 2004년까지 몽골 북쪽 노보시비르스크에서 야생조류와 사람에게, 그리고 2003년에서 2004년 극동 블라디보스토크에서 독수리와 황로에게 웨스트나일 뇌염이 발생했습니다. 그러나 그것이 끝이었습니다. 현재 흥미롭게도 우리나라를 포함해서 동남아시아와 극동아시아 지역(소위 논농사를 짓는 지역)에서는 웨스트나일 뇌염의 발생이 없습니다. 국립수의과학검역원 연구결과에 의하면 2007년도 모기 활동기에 국내에서 폐사한 야생조류 457마리, 닭 381마리, 973마리의 말 등을 대상으로 조사했을 때 국내에 웨스트나일 뇌염이 들어왔다는 어떠한 흔적도 찾을 수 없었습니다.

왜 동남아시아와 극동아시아 지역에서는 웨스트나일 뇌염의 발생이 없을까? 그 이유 중 하나는 일본뇌염에서 찾을 수 있습니다. 현재 북반구에서 웨스트나일 뇌염이 발생하지 않은 유일한 지역이 이들 일본뇌염 발생지역입니다. 일본뇌염 바이러스와 웨스트나일 바이러스는 서로 교차반응이 일어날 정도로 가까운 바이러스이고, 매개하는 모기종도 겹칩니다. 물론 사람에서의 증상도 거의 동일합니다. 일본뇌염 바이러스와 경쟁하기 때문입니다. 바이러스 간에도 자기들 나름대로 고유 영역이 존재합니다. 그 역할의 상당 부분을 질병을 매개하는 모기종이 담당합니다. 일본뇌염에 의한 조류 종 면역장벽 형성도 어느 정도 역할을 할 것이라 여겨집니다. 일부에서는 설령 웨스트나일 뇌염이 국내에서 발생한다고 하더라도 그 피해는 미미할 것이라 말합니다. 일본뇌염 백신 접종이나 일본뇌염에 대한 자연획득 면역능력을 가지고 있어서 교차면역이 가능한 웨스트나일 바이러스에도 내성이 있을 것이라고 말입니다. 그러나 어찌되었건 간에 중요한 것은 아직도 우리나라에선 매우 드물지만 고령자에서 일본뇌염 환자가 발생한다는 사실입니다.

숨어 있는 신종 전염병들의 공포

박쥐와 신종 전염병

말레이시아 말라야 대학의 카우 빙 츄아는 말레이시아에서 니파 뇌염 파동이 끝나던 시점에 니파 바이러스의 자연숙주를 찾아 나섭니다. 츄아는 1999년 8월 말레이시아 동쪽 해안의 천혜의 아름다움을 간직한 티오만 섬에 갔습니다. 해변을 따라 쭉 늘어선 나무들, 그리고 축 늘어진 채 매달려 있는 검은 과일박쥐들을 보았습니다. 츄아는 이들 과일박쥐가 배설하는 오줌들을 용기에 받아 왔습니다. 그리고 실험실에 와서 원숭이 콩팥 세포에 이 오줌 추출물을 접종했을 때, 뭔가 새로운 바이러스가 자라고 있음을 알아 차렸습니다. 분석결과 기대했던 니파 바이러스는 아니었습니다. 그러나 이 바이러스 역시 여태껏 분리된 적이 없는 새로운 종류였습니다. 츄아는 섬 이름을 따서 이것을 티오만 바이러스(Tioman virus)라고 명명했습니다. 사실 이 바이러스가 사람을 비롯한 다른 포유동물에게 어떠한 전염력을 가지고 있는지 아직까지 밝혀져 있지 않습니다.

츄아는 2000년 6월 다시 티오만 섬에 갔습니다. 이번에는 전보다 훨씬 많은 과일박쥐들의 오줌을 받아왔습니다. 물론 니파 바이러스의 자연숙주를 찾아내기 위해서였습니다. 여기서 츄아는 3종류의 바이러스를 분리해 내는 데 성공했습니다, 그토록 기대했던 니파 바이러스가 분리되었습니다. 그리고 1999년에 분리했던 티오만 바이러스도 분리되었습니다. 그리고 뜻밖에도 또 다른 여태껏 분리된 적이 없는 새로운 바이러스가 또 분리되었습니다. 이번에는 이름을 팔라우바이러스(Palauvirus)라고 명명했습니다.

2006년 3월 말레이시아 멜레카에서 군부대에 근무하는 남자(39살)가 현관문을 열어놓고 거실에서 한가로이 텔레비전을 시청하고 있었습니다. 그런데 갑자기 현관문을 통해 박쥐 한 마리가 들어와서 몇 분 동안 이리저리 날아다녔습니다. 그리곤 홀연히 들어왔던 현관문으로 달아났습니다. 마치 게릴라전을 방불케 하는 박쥐의 행동이었습니다. 그로부터 일주일이 지나자 그 남성은 고열과 심한 기침 등 독감유사 증상을 보여 인근 병원에 입원했습니다. 일주일 뒤 그의 11살 난 딸과 6살 아들도 비슷한 증상을 보이며 앓아누웠습니다. 츄아는 이 환자의 호흡기도 분비물을 채취해서 바이러스 검사를 했다가 깜짝 놀랐습니다. 분리된 바이러스가 사람에서 나타나지 않았던 신종 바이러스인데다가, 그 바이러스는 자신이 2000년에 티오만 섬 과일박쥐에서 분리한 팔라우

바이러스였기 때문이었습니다. 실제 티오만 섬 주민들을 상대로 혈액검사를 해 보았을 때 주민 상당수가 팔라우 항체를 가지고 있는 것이 확인되었습니다. 박쥐로부터 사람에게 건너온 질병이었던 것입니다.

그 외에도 많은 전염병의 근원이 박쥐라는 것이 알려져 있습니다. 최근에는 인간에게 치명적인 전염병인 에볼라 바이러스도 과일박쥐가 자연숙주라는 주장이 설득력을 얻고 있습니다. 에볼라 바이러스는 아프리카에서 필리핀까지 이르는 광범위한 지역에 분포하는데, 이것은 과일박쥐의 분포지역과 겹칩니다. 에릭 르로이는 2001년에서 2003년 사이 가봉과 콩고공화국에서 사람과 대형 유인원들 사이의 천여 종의 소형 척추동물들을 검사한 결과, 3종의 과일박쥐가 증상 없이 자이레 형 에볼라 바이러스를 보유하고 있는 것을 밝혀냈습니다. 특히 이들 지역에서 에볼라 감염으로 죽는 대형 유인원들이 건기에 증가하는데, 아마도 건기는 밀림에 과일이 부족해지는 시기이기 때문에 부족한 과일을 두고 과일박쥐와 경쟁하는 과정에서 긴밀한 접촉이 있었으리라는 추측을 하게 됩니다.

우리에게 신종 전염병의 출현에 있어서 박쥐의 역할을 크게 부각시켰던 니파 뇌염의 경우 말레이시아와 방글라데시에서만 크게 퍼졌지만, 인도네시아, 태국, 캄보디아, 아프리카 마다가스카르, 심지어 서부아프리카에서 서식하고 있는 과일박쥐들도 니파 바이러스에 감염되어 있다는 것이 밝혀졌습니다. 니파 바이러스는 단지 인류 앞에서 비켜 있을 뿐 밀림의 어딘가에서 여전히 스필오버를 기다리며 도사리고 있는 것입니다.

바이러스 시한폭탄

그러면 많은 신종 전염병들의 출현에 있어서 박쥐가 왜 자연숙주로서 크게 부각되고 있는 것일까요? 박쥐가 특별한 무언가를 가지고 있는 것일까요?

박쥐는 조류가 아닌 포유동물입니다. 이것은 야생조류에 비해 사람으로의 스필오버의 장벽이 훨씬 낮다는 것을 의미합니다. 이것이 무엇보다 큰 이유입니다. 물론 영장류 동물의 경우 박쥐들보다 사람으로의 종간장벽이 더 낮아지겠지만 말입니다.

지구상에 사는 포유동물의 수는 현재까지 4,600여 종 정도 됩니다. 이 중에서 무려 925종이 박쥐입니다. 포유동물 종의 약 20퍼센트가 박쥐이니 박쥐의 생물학적 다양성은 가히 엄청납니다. 박쥐는 과일박쥐, 곤충박쥐, 흡혈박쥐 등 그 종류도 다양합니다. 검은색, 붉은색 등 피부 색깔도 다양합니다.

콜로라도 주립대학의 곤충매개전염병 연구소의 찰스 캘리셔는 박쥐 74종에서 분리된 66개 이상의 바이러스를 정리했습니다. 물론 박쥐에서 바이러스가 분리되었다고 박쥐가 그 바이러스 모두의 자연숙주라고 말할 수는 없겠지만 이들 바이러스의 대부분은 박쥐가 자연숙주일 것입니다. 앞서 설명했던 헨드라 바이러스, 니파 바이러스, 사스 코로나바이러스, 광견병 바이러스 등 우리가 알고 있는 많은 바이러스들이 박쥐에서 분리되었고 박쥐가 이들 바이러스의 자연숙주라는 것도 밝혀졌습니다. 하지만 지금까지 우리는 지구상 박쥐 종 전체의 8퍼센트에서만 겨우 바이러스 보유 상황을 밝혔을 뿐입니다.

많은 박쥐 종들이 인간의 터전 영역 확대로, 혹은 농지 개발로 멸종되었고, 멸종의 위기에 있습니다. 그래서 그들이 가지고 있었던 바이러스들도 인간이 찾아내기도 전에 박쥐와 함께 이미 멸종되었는지도 모릅니다. 반대로 또한 밀림 어디에선가 또는 야산 어디에선가 우리가 모르는 많은 바이러스들이 여전히 숨어 있을 것입니다. 그중에는 사람에게 문제를 일으킬 수 있는 바이러스들도 일부 있을 것입니다. 우리는 박쥐 종의 단 10퍼센트도 안 되는 종에서만 그들이 갖고 있는 바이러스를 확인했습니다. 그렇다고 나머지 박쥐 종(전체 90퍼센트)들이 바이러스를 전혀 가지고 있지 않을 것이라 생각하지 않습니다. 말 그대로 조사를 안 했을 뿐입니다. 그래서 어쩌면 우리가 알고 있는 바이러스의 숙주범위와 종류는 빙산의 일각일 수도 있습니다. 박쥐에 대한 최근의 관심 폭발로 지금 이 순간에도 지구상 어느 실험실에서 새로운 바이러스들이 시시각각 분리되고 있습니다. 시간이 지나면서 밝혀지는 바이러스 수도 많아질 것입니다.

박쥐는 얼마나 오래 살까요? 많은 사람들이 생각하는 것보다는 조금 오래 삽니다. 박쥐의 종에 따라 차이가 많이 나지만 평균적으로 25년 이상을 산다고 합니다. 어떤 종은 35년을 살기도 한다고 합니다. 이것은 박쥐가 살아가는 평생 동안 최소한 여러 번 사람이나 다른 포유동물과 마주치게 된다는 것을 의미합니다. 미지의 동굴 탐험, 정글 탐험, 등산 등의 경우 그 기회는 더욱더 증가할 것입니다. 그래서 만약 박쥐가 장기간 바이러스를 가지고 있게 되면 다른 포유동물 종과의 접촉을 통해 종간 장벽을 뛰어넘는 스필오버의 위험을 높여 놓을 것입니다.

그러나 우리는 박쥐에 대하여 너무나 많은 것을 모르고 있습니다. 지속감염이 가능한 바이러스를 얼마나 가지고 있는지, 실제 지속감염이 되는지조차 모르고 있습니다.

박쥐는 날아다니는 포유동물이고 집단적으로 무리지어 다니는 동물입니다. 북미지역에서 가장 흔한 박쥐 종의 경우 동굴에서 수십만에서 심지어 수백만 마리가 무리지어 살고 있습니다. 이렇게 개체들이 무리지어 생활하는 환경은 바이러스가 그 무리 내에서 고루 전염되어 존재할 수 있는 매우 좋은 조건입니다. 그래서 아주 오랜 기간에 걸쳐 수많은 바이러스들이 박쥐 몸속에서 공존해 왔을 것입니다. 대표적인 것이 이들 박쥐에 존재하는 광견병 바이러스입니다. 미국 텍사스 오스틴에 있는 한 서식지의 박쥐들의 거의 절반이 광견병에 감염되어 있었습니다. 그러나 개, 소, 사람과 달리 박쥐들은 무시무시한 광견병에 걸렸어도 모두 멀쩡하게 살아 있습니다. 다만 인간과의 접촉을 매우 꺼리는 박쥐의 습성상 인간에게 그들이 가지고 있는 바이러스를 노출시키지 않았을 뿐인지도 모르겠습니다.

울창한 숲. 아직 인간에게 넘어오지 않은 바이러스들도 이 숲속의 주민이다.

자연보호의 교훈

지금 이 순간에도 지구촌 어디에선가 우리가 모르는 새로운 바이러스가 출현하고 있고 앞으로도 계속 출현할 것입니다. 출현한 바이러스가 인간에게 얼마나 전염력이 강할 것인지, 인간에게 얼마나 치명적일지는 어느 누구도 예측할 수 없습니다.

사실 신종 전염병의 경우 대부분 인플루엔자 신종 바이러스 출현에만 관심이 쏟아지고 있습니다. 그만큼 전염력과 독성을 겸비한 신종 인플루엔자 바이러스는 큰 파괴력을 지니고 있는 것도 사실입니다. 하지만 그밖에도 큰 잠재성을 가진 바이러스들이 자연계에 도사리고 있습니다. 그리고 이러한 바이러스는 인간이 아직 손을 대지 않은 숲 속의 박쥐들로부터 나올 가능성이 높습니다. 최근에 나타난 신종 전염병 중 인플루엔자를 제외하면 대부분 박쥐로부터 유래한 것들이라는 사실이 이를 증명합니다. 신종 전염병을 막기 위해서라도 우리는 자연을 보호하고 존중하는 자세를 배우며 살아가야 하지 않을까요.

그러나 앞으로도 신종 전염병은 항상 우리가 예상하지 못하는 곳에서 끊임없이 나타나 우리를 위협할 것입니다. 2008년 9월에 잠비아에서 처음 인간에게 모습을 드러낸 신종 바이러스 루요 바이러스(Lujo virus)가 그 대표적인 사례입니다. 루요는 에볼라와 증상도 비슷하고 인간에게 매우 치명적인 신종출혈성 열병입니다. 잠비아 수도 루사카의 한 여행사 직원이 이 전염병에 걸려서 남아프리카공화국 수도 요하네스버그로 응급 후송되었으나 결국 숨졌습니다. 또 그 과정에서 요하네스버그 시내 의료종사자 4명이 감염되어 이 중 3명이 사망했습니다. 루사카(Lusaka)와 요하네스버그(Johannesburg)의 첫 글자를 합성해서 바이러스 이름이 붙여졌다고 합니다. 그 미지의 바이러스가 설치류 동물로부터 옮겨왔을 것이라고 추정만 할 뿐 아직도 이 바이러스가 어떻게 출현했는지 밝히지 못하고 있습니다. 하지만 과거에서부터 그렇게 진행되어 왔듯이 그 정체를 밝혀내는 순간부터 우리 인간들은 피할 수 있는 다양한 방법을 만들어 나갈 것입니다. 그것은 인간 사회를 위한 과학자의 위대한 역할이기도 합니다.

자료 1

변종/신종 인플루엔자의 대규모 전염 연표

시기	명칭	타입	결 과
1918	스페인독감	H1N1	세계 인구의 1/3 감염, 약 5000만 명 사망
1957	아시아독감	H2N2	200만 명 사망
1968	홍콩독감	H3N2	100만 명 사망
1976	돼지독감	H1N1 외	1명 사망. 스페인독감의 재현이라고 초긴장했으나 결국 확산되지는 않음. 성급한 백신 투약의 부작용으로 문제가 생김.
1997	조류독감	H5N1	가금류 집단 폐사. 사람에게는 잘 전염되지 않지만 421명 감염, 257명 사망으로 높은 사망률을 보임
2009	신종 플루	H1N1	현재(2009. 10월 말)까지 40만 명 이상 발병, 5천 명 이상 사망

20세기 이후 주요한 신종 전염병 현황

시기	명칭	특징
1918	스페인독감	계절 독감(인플루엔자 바이러스)의 변종 형태. 호흡기를 통한 전염. 전 세계적 유행.
1953	뎅기열	주로 열대 및 아열대 지방에서 발생하는 뎅기 바이러스에 의한 급성 열성 질환. 모기를 통해 전염되며 사망률은 높지 않으나 출혈열로 발전하면 사망률이 40~50퍼센트로 높아진다. 특별한 치료법이 없다.
1976	에볼라 출혈열	주로 자이레 등 아프리카 중부지역에서 발생하며, 에볼라 바이러스에 의해서 생기는 질환이다. 환자 대부분이 감염 일주일 정도에 사망하는 무서운 독성을 갖고 있다. 박쥐가 자연숙주로 추정되고 있으며 원숭이를 통해 인간에게 감염된 것으로 알려져 있다. 체액을 통해서 전염된다. 백신이나 치료제는 아직 없다.

시기	명칭	특징
1976	레지오넬라증	레지오넬라균에 의한 질환으로 레지오넬라 폐렴으로 진행될 경우 약 15~20%의 사망률을 보인다. 사람 간 전파는 되지 않으나 고이거나 오염된 물에서 대량 증식하며 살균이 잘 되지 않고 작은 물 입자를 통해서도 전파되는 특성 때문에 냉각탑, 에어컨, 환풍기 등을 통해 대량으로 감염될 수 있는 위험이 있다.
1981	에이즈	인간 면역 결핍 바이러스(HIV)에 의해서 발생하며 감염 초기 독감과 유사한 증상을 보인 뒤 긴 잠복기(6~12년)를 거치면서 지속적으로 면역 세포가 파괴되어 복합 감염으로 사망하는 치명적인 질병이다. 그러나 체액을 통해서만 전염되므로 예방하기가 쉽고 각종 항바이러스 제제 및 2차 감염 관리를 통해 사망률을 낮출 수 있다.
1982	장출혈성 대장균감염증 (O157)	O157 대장균에 의해 발병하며 장내 대장균이 만드는 독성으로 인해 식중독 증상을 보인다. 요독성용혈증후군으로 발전하면 사망할 수도 있다. 쇠고기 분쇄육으로부터 주로 감염되며 변을 통해 사람 간 전염도 가능하다.
1997	조류 인플루엔자	홍콩에서 고병원성 조류 인플루엔자의 유행으로 닭 150만 마리 이상을 처분하였을 때 사람 감염이 보고되면서 새로운 전염병으로 등장. 일단 감염이 되면 50% 가까운 사망률을 보이지만 사람으로의 감염 사례가 적다.
1999	니파 뇌염	박쥐로부터 돼지를 거쳐 인간에게 전염된 니파 바이러스에 의해서 발생. 분비물에 의해서 전파되며 독감과 같은 증상에서 뇌염으로 발전, 혼수상태에 빠진 뒤 사망한다. 치사율 약 50퍼센트. 말레이시아, 싱가포르 등에서만 보고되었다.
2000	웨스트나일 열증/뇌염	북미지역에서 모기에 의해서 전파되며 독감과 유사한 증세를 보이고 자연 치유되나 일부 사람에게 뇌수막염과 같은 치명적인 질환으로 발전하기도 한다. 사망률은 5~10퍼센트 수준이다.
2002	사스	중국으로부터 세계적으로 확산. 사스 바이러스에 의해 발병하며 약 10퍼센트의 사망률을 보인다. 호흡기로 전파되는 특성 때문에 세계적으로 전파될 위험이 있었으나 곧 가라앉았다. 처음에 지목된 사향고양이 대신 박쥐가 자연숙주로 추정되고 있으나 변이로 인해 백신 개발이 어려움을 겪었다.
2009	신종 플루	치사율은 낮지만 전염력이 강하다.

세계 신종 플루 감염 현황

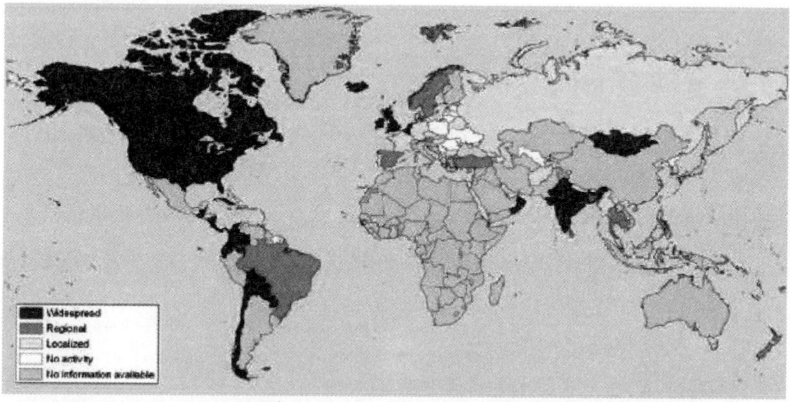

지역	누적 환자	
	발병	사망
아프리카	13,536	75
미대륙	174,565	4,175
중동	17,150	111
유럽	64,000명 이상	281명 이상
남아시아	42,901	605
태평양 서부	129,509	465
총계	441,661명 이상	5,712명 이상

(출처 : WHO, 2009년 10월 말)

자료 3

신종 플루와 신종 전염병에 대한 Q&A

Q 신종 플루란 도대체 무엇인가?

A 신종 플루는 우리가 흔히 겨울에 걸리는 독감 인플루엔자 바이러스가 변형을 일으킨 새로운 형태이다. 인플루엔자 바이러스는 종류도 다양하고 새로운 변종이 자주 출현하는데 이러한 변종은 종종 독성과 전염력이 강한 형태가 되기도 한다. 1918년 세계를 강타해 판데믹으로 불리는 스페인독감도 변종 인플루엔자 바이러스였다.

Q 돼지독감이라는 명칭이 붙은 이유는?

A 인플루엔자 바이러스는 사람에게만 감염되는 것이 아니다. 돼지나 조류에도 인플루엔자 바이러스가 감염되어 서식한다. 그런데 자주 있는 일은 아니지만 조류 인플루엔자나 사람 인플루엔자가 돼지에 감염되는 경우가 있고, 그럴 때 유전자 재조합이 이루어질 때가 있다. 그렇다면 돼지 인플루엔자 바이러스와 재조합된 변종/신종 인플루엔자 바이러스가 생겨나 사람에게 감염될 수 있다. 신종 플루도 그렇게 해서 만들어진 것이기 때문에 돼지독감이라고 불렀다.

Q 신종 플루는 얼마나 위험한가?

A 사실상 신종 플루는 일반 독감보다 독성이 더 강하지 않다. 사망률도 훨씬 더 낮은 것으로 보고되고 있다. 다만 전염력에 있어서는 일반 독감보다 더 강한 것으로 평가된다. 본문에서도 이야기하지만 인간에게 면역력이 없는 새로운 질병이 빠르게 확산될 때 판데믹이라고 부른다. 하지만 판데믹이라고 해서 반드시 독성이 강하다는 뜻은 아니다. 다만 새로운 변종이 나타날 때 독성이 강화될 가능성은 있다. 그래서 그런 일이 벌어지기 전에 신종플루를 잠재우려고

모두 노력하는 것이다.

Q 또 새로운 변종 독감이 등장할 확률은 얼마나 되나?

A 그 가능성에 대해서는 확실하게 말할 수 없다. 1918년의 스페인독감도 봄철에는 매우 가벼운 질병이었지만 가을철에 변종이 출현하면서 세계 인구의 1/3을 감염시키고 5천만 명을 죽게 했다. 우리가 할 수 있는 일은 지금 이 수준에서 신종 플루를 최대한 억제하는 것이다. 현재의 신종 플루는 아직 전염력이나 독성에 있어서 계절독감보다 크게 위험하지 않다고 본다. 백신도 개발되어 있고 (계절독감에는 듣지 않지만) 증식을 억제하는 항바이러스 치료제(타미플루 등)도 개발되어 있다. 일반적인 호흡기 질환의 예방책(마스크를 쓰고 사람 많은 곳을 피하고 손을 깨끗이 씻는 것)으로도 전염을 상당한 수준으로 예방할 수도 있다.

Q 타미플루나 백신 같은 치료제는 안전한가?

A 백신은 예방약이고 타미플루는 치료제이다. 둘을 혼동해서는 안된다. 백신은 더 이상 복제 능력이 없는 바이러스의 조각을 투입함으로써 항체를 생성시켜 면역력을 기르는 것이고 타미플루와 같은 항바이러스 제제는 바이러스의 증식을 억제함으로써 치료하는 약이다. 이것만 안다면 신종플루에 걸린 다음에 백신을 맞는 것이나 걸리기 전에 타미플루를 복용하는 것이 효과가 없다는 사실을 쉽게 이해할 수 있을 것이다. 백신은 맞은 후 7~10일 이상이 지나야 항체가 형성되므로 감기 기운이 있다고 무조건 타미플루를 먹거나 백신을 맞는 것보다는 병원에 가서 진단을 받고 의사의 지시를 따르는 것이 가장 안전하다.

Q 신종 플루 백신을 맞으면 계절 독감이나 새로운 변종 독감에도 걸리지 않는가?

A 신종 플루와 계절독감은 전혀 다른 병이다. 두 종류의 백신을 모두 맞아야 한다. 변종 독감의 경우는 좀 다르다. 스페인독감의 경우 봄철 플루에 걸린 사람은 가을철의 변종 플루에 걸리지 않았다. 변종이 생기더라도 현재의 신종 플

루에 걸렸다가 치유된 사람이나 백신을 맞았던 사람들에게는 어느 정도의 면역력이 생길 가능성이 높다고 봐야할 것이다. 이미 우리가 모르는 사이에 유행했던 돼지 독감에 걸렸던 사람이 신종 플루에 대해 어느 정도의 면역력을 갖고 있다는 보고도 있다.

Q 스페인독감과 같은 무서운 전염병이 새롭게 다시 등장할 수도 있을까?

A 가능성이 없지는 않지만 무조건 겁을 낼 필요는 없다는 것이 이 책에서 하고 싶었던 이야기다. 스페인독감이 유행했던 시기는 바이러스가 뭔지도 몰랐고 페니실린조차 개발되지 못했던 시기다. 이제는 새로운 전염병이 등장하면 그것을 막고 치료하기 위해 전 세계적인 노력을 기울인다. 아직도 무수한 바이러스들이 자연 숙주에 머물러 있고 언제든 인간으로 종간 장벽을 뚫고 건너올 가능성이 있지만, 마찬가지로 지금까지 그것을 효과적으로 차단하고 예방책과 치료법을 찾아온 것도 사실이다. 질병의 원인을 규명하고 밝혀내는 연구자들의 노력을 강조하고 싶다.

※ 신종 플루 관련 유의사항과 현황은 질병관리본부 홈페이지(www.cdc.go.kr)에서 찾아 볼 수 있다.

참고 문헌

Anderson SG et al., "Mucins and mucoids in relation to influenza virus action. VI. general discussion", *Aust J Exp Biol Med Sci*, 1948.

Aoki FY et al., "Early administration of oral oseltamivir increases the benefits of influenza treatment", *J Antimicrob Chemother*, 2003.

Bardsley-Elliot A & Noble S, "Oseltamivir", *Drugs*, 1999 Nov.

Beare AS et al., "Trials in man with live recombinants made from A/PR/8/34 (H0 N1) and wild H3 N2 influenza viruses", *Lancet*, 1975.

Brankston G et al., "Transmission of influenza A in human beings", *Lancet Infect Dis*, 2007 Apr.

Briese T et al. "Genetic detection and characterization of Lujo virus, a new hemorrhagic fever-associated arenavirus from southern Africa", *PLoS Pathog*. 2009.

Brundage JF & Shanks GD, "Deaths from bacterial pneumonia during 1918-19 influenza pandemic", *Emerg Infect Dis*, 2008 Aug.

Burnet FM & Stone JD, "The receptor–destroying enzyme of V–cholerae", *Aust J Exp Biol Med Sci*, 1947.

Calisher CH et al., "Bats: important reservoir hosts of emerging viruses", *Clin Microbiol Rev*, 2006.

Centers for Disease Control and Prevention, "Guidelines for isolation Precausions in Hospitals", Hospital Infection Control Advisory Committee, Centers for Disease Control and Prevention, Atlanta, GA, USA., 1996. http://wonder.cdc.asp/wonder/preguid/p00004

Chan PKS, "Outbreak of avian influenza A(H5N1) virus infection in Hong Kong in 1997", *Clin Infect Dis*, 2002.

Chen H et al., "Avian flu: H5N1 virus outbreak in migratory waterfowl", *Nature*, 2005.

Choi CQ. "Going to bat", *Sci Am*, 2006.

Choi YK et al., "Phylogenetic analysis of H1N2 isolates of influenza A virus from pigs in the United States", *Virus Res*, 2002.

Chua KB et al., "A previously unknown reovirus of bat origin is associated with an acute respiratory disease in humans", *PNAS*, 2007.

Chua KB et al., "Anthropogenic deforestation, El Niño and the emergence of Nipah virus in Malaysia", *Malays J Pathol*, 2002.

Chua KB et al., "Nipah virus: a recently emergent deadly paramyxovirus", *Science*, 2000.

Chua KB et al., "Tioman virus, a novel paramyxovirus isolated from fruit bats of Malaysia", *Virology*, 2001.

Chua KB, "A novel approach for collecting samples from fruit bats for isolation of infectious agents", *Microbes Infect*, 2003 May.

Chua KB. et al., "Isolation of Nipah virus from MalaysianIsland flying-foxes", *Microbes Infect*, 2002.

Chun JWH, "Influenza, including its infection among pigs", *Nat Med J China*, 1919.

Collier R, *The plaque of the Spanish Lady*, London: Allison & Busby, 1996.

Couch RB et al., "Improvement of inactivated influenza virus vaccines", *J Infect Dis*, 1997.

Couch RB, "Seasonal inactivated influenza virus vaccines", *Vaccine*, 2008.

Cowley G & Underwood A, "How progress makes us sick", *Newsweek*, May 5, 2003.

Crosby A, *America's Forgotten Pandemic*, New York: Cambridge University Press, 2003.

Dawood FS et al., "Emergence of a novel swine-origin influenza A (H1N1) virus in humans", *New Engl J Med*, 360, 2009.

de Castro MC et al., "Malaria risk on the Amazon frontier", *PNAS*, 2006.

Debiasi RL & Tyler KL, "West Nile virus meningoencephalitis", *Nat Clin Pract Neurol*, 2006.

Douglas RG, "Influenza in man", in Kilbourne ED, ed., *The influenza viruses and influenza*, New York; Academic Press, 1975.

Drake JW, "Rates of spontaneous mutation among RNA viruses", *PNAS*, 1993.

Drosten et al., "Identification of a novel coronavirus in patients with severe acute respiratory syndrome", *N. Engl. J. Med*, 2003.

Ducatez MF et al., "Animal influenza epidemiology", *Vaccine*, 2008 Sep.

Ellis TM et al., "Investigation of outbreaks of highly pathogenic H5N1 avian influenza in waterfowl and wild birds in Hong Kong in late 2002", *Avian Pathol*, 2004 Oct.

Embil J et al., "Cleaning house: how to prevent office infections", *Can J CME*, 15.

Emery NJ & Clayton NS, "The mentality of crows: convergent evolution of intelligence in corvids and apes", *Science*, 2004.

Epstein JH et al., "Henipavirus infection in fruit bats (Pteropus giganteus)", *India Emerg Infect Dis*, 2008.

Epstein JH et al., "Nipah virus: impact, origins, and causes of emergence", *Curr Infect Dis Rep*, 2006.

Fanning TG et al., "1917 avian influenza virus sequences suggest that the 1918 pandemic virus did not acquire its hemagglutinin directly from birds", *J Virol*, 2002.

Fergusson NM et al., "Ecological and immunological determinants of influenza evolution", *Nature*, 2003.

Ferrara JL et al., "Cytokine storm of graft-versus-host disease: a critical effector role for interleukin-1", *Transplant Proc*, 1993.

Field H et al., "The natural history of Hendra and Nipah viruses", *Microbes Infect*, 2001 Apr.

Fodor E et al., "Rescue of influenza A virus from recombinant DNA", *J Virol*, 1999.

Fouchier RA et al., "Aetiology: Koch's postulates fulfilled for SARS virus", *Nature*, 2003.

Fouchier RA et al., "Avian influenza A virus (H7N7) associated with human conjunctivitis and a fatal case of acute respiratory distress syndrome", *PNAS*, 2004.

Fox J & Atok K, "Forest-dweller demographics in West Kalimantan, Indonesia", *Environ Conserv*, 1997.

Fritsch P, "Containing the outbreak: scientists search for human hand behind outbreak of jungle virus", *Wall Street Journal*, June 19 2003.

Gao Y et al., *Fauna Sinica Mammalia Carnivora*, Science Press, Beijing, 1987.

Garten RJ et al., "Antigenic and genetic characteristics of swine-origin 2009 A(H1N1) influenza viruses circulating in humans", *Science*, 2009 Jul 10.

Ge Q et al., "Inhibition of influenza virus production in virus-infected mice by RNA interference". *PNAS*, 2004.

Gerdil C., "The annual production cycle for influenza vaccine", *Vaccine*, 2003.

Gibbs MJ & Gibbs AJ, "Molecular virology: was the 1918 pandemic caused by a bird flu?", *Nature*, 2006.

Guan Y et al, "H5N1 influenza viruses isolated from geese in Southeastern China: evidence for genetic reassortment and interspecies transmission to ducks", *Virology*, 2002 Jan.

Guan Y et al., "Isolation and characterization of viruses related to the SARS coronavirus from animals in southern China", *Science*, 2003.

Halpin K et al., "Isolation of Hendra virus from pteropid bats: a natural reservoir of Hendra virus", *J. Gen. Virol*, 2000.

Hanson BJ et al., "Passive immunoprophylaxis and therapy with humanized monoclonal antibody specific for influenza A H5 hemagglutinin in mice". *Respir Res*, 2006.

Haque A et al., "Confronting potential influenza A (H5N1) pandemic with better vaccines", *Emerging Infectious Diseases*, 2007.

Hawkey PM., "Severe acute respiratory syndrome (SARS): breath-taking progress", *J Med Microbiol*, 2003.

Hay AJ et al., "The molecular basis of the specific anti-influenza action of amantadine", *EMBO J*, 1985.

Hayden FG et al., "Use of the oral neuraminidase inhibitor oseltamivir in experimental human influenza: randomized controlled trials for prevention and treatment", *JAMA*, 1999.

Hayden FG, "Pandemic influenza: is an antiviral response realistic?" *Pediatr Infect Dis J*, 2004.

Hayman DT et al, "Evidence of henipavirus infection in West African fruit bats", *PLoS One*, 2008.

Hilleman MR, "Realities and enigmas of human viral influenza: pathogenesis, epidemiology and control", *Vaccine*, 2002.

Hoffmann E et al, "Characterization of the influenza A virus gene pool in avian species in southern China: was H6N1 a derivative or a precursor of H5N1?" *J Virol*, 2000 Jul.

Hu W et al., "Development and evaluation of a multitarget real-time Taqman reverse transcription-PCR assay for detection of the severe acute respiratory syndrome-associated coronavirus and surveillance for an apparently related coronavirus found in masked palm civets", *J. Clin. Microbiol*, 2005.

Huang KJ et al., "An interferon-gamma-related cytokine storm in SARS patients", *J Med Virol*, 2005.

Hunt DM et al., "The chemistry of John Dalton's color blindness", *Science*, 1995.

Iehlé C et al., "Henipavirus and Tioman virus antibodies in pteropodid bats, Madagascar", *Emerg Infect Dis*, 2007.

Inada R, "Clinical observations on influenza", *J.A.Jap. Int.Med*, 1919.

Ito T et al., "Molecular basis for the generation in pigs of influenza A viruses with pandemic potential", *J Virol*, 1998 Sep.

Ito T et al., "Perpetuation of influenza A viruses in Alaskan waterfowl reservoirs", *Arch Virol*, 1995.

Itoh Y et al., "In vitro and in vivo characterization of new swine-origin H1N1 influenza viruses", *Nature* 2009 July 13.

Jones JC et al., "Inhibition of influenza virus infection by a novel antiviral peptide that targets viral attachment to cells", *J Virol*, 2006.

Jordan EO, *Epidemic Influenza. A survey*, Chicago: American Medical Association, 1927.

Kamps BS & Reyes-Teran G, *Influenza*, 2006.

Kan B et al., "Molecular evolution analysis and geographic investigation of severe acute respiratory syndrome coronavirus-like virus in palm civets at an animal market and on farms", *J. Virol*, 2005.

Karasin AI et al., "Identification of human H1N2 and human-swine reassortant H1N2 and H1N1 influenza A viruses among pigs in Ontario, Canada (2003 to 2005)", *J Clin Microbiol*, 2006.

Kawaoka Y et al., "Avian-to-Human Transmission of the PB1 Gene of Influenza A Viruses in the 1957 and 1968 Pandemics", *J Virol*, 1989.

Keawcharoen J et al., "Avian influenza H5N1 in tigers and leopards", *Emerg Infect Dis*, 2004 Dec.

Kilbourne ED, "Influenza pandemics of the 20th century", *Emerg Infect Dis*, 2006 Jan.

Kim CU et al., "Influenza neuraminidase inhibitors possessing a novel hydrophobic interaction in the enzyme active site: design, synthesis, and structural analysis of carbocyclic sialic acid analogues with potent anti-influenza activity", *J Am Chem Soc*, 1997.

Klempner MS & Shapiro DS, "Crossing the species barrier-one small step to man, one giant leap to mankind", *N Eng J Med*, 2004.

Kobasa D et al., "Enhanced virulence of influenza A viruses with the haemagglutinin of the 1918 pandemic virus", *Nature*, 2004 Oct 7.

Kolata G, *Flu-the history of the greatest influenza pandemic of 1918 and the search for the virus that caused it*, New York: Farrar, Straus, and Giraux, 1999.

Komar N et al., "Experimental infection of North American birds with the New York 1999 strain of West Nile virus", *Emerg Infect Dis*, 2003.

Korsman S, *Influenza*, 2006.

Ksiazek TG et al., "A novel coronavirus associated with severe acute respiratory syndrome", *N. Engl. J. Med*, 2003.

LaDeau SL et al., "West Nile virus emergence and large-scale declines of North American bird populations", *Nature*, 2007.

Langevin P & Barklay RMR, "Mammal", *Species*, 1990.

Larder BA et al., "Potential mechanism for sustained antiretroviral efficacy of AZT-3TC combination therapy", *Science*, 1995.

Lau SK et al, "Severe acute respiratory syndrome coronavirus-like virus in Chinese horseshoe bats", *Proc. Natl. Acad. Sci. USA*, 2005.

Lekcharoensuk P et al., "Novel swine influenza virus subtype H3N1, United

States", *Emerg Infect Dis*, 2006.

Leroy EM et al., "Fruit bats as reservoirs of Ebola virus", *Nature*, 2005.

Leroy EM et al., "Multiple Ebola virus transmission events and rapid decline of central African wildlife", *Science*, 2004.

Li W et al., "Bats are natural reservoirs of SARS-like coronaviruses", *Science*, 2005.

Liang G et al., "Laboratory diagnosis of four recent sporadic cases of community-acquired SARS, Guangdong Province, China", *Emerg. Infect. Dis*, 2004.

Liu J et al., "Highly pathogenic H5N1 influenza virus infection in migratory birds", *Science*, 2005.

Lu J et al., "Passive immunotherapy for influenza A H5N1 virus infection with equine hyperimmune globulin F(ab')2 in mice". *Respir Res*, 2006.

Ma W et al., "Identification of H2N3 influenza A viruses from swine in the United States", *PNAS*, 2007.

Mackenzie JS & Field HE, "Emerging encephalitogenic viruses: lyssaviruses and henipaviruses transmitted by frugivorous bats", *Arch. Virol(Suppl.)*, 2004.

Mackenzie JS et al., "Emerging viral diseases of Southeast Asia and the Western Pacific", *Emerg Infect Dis*, 2001.

Maines TR et al., "Avian influenza (H5N1) viruses isolated from humans in Asia in 2004 exhibit increased virulence in mammals", *J Virol*, 2005 Sep.

Maines TR et al., "Transmission and pathogenesis of swine-origin 2009 A(H1N1) influenza viruses in ferrets and mice", *Science*, 2009.

Malakhov MP et al., "Sialidase fusion protein as a novel broad-spectrum inhibitor of influenza virus infection", *Antimicrob Agents Chemother*, 2006.

Marr JS & Calisher CH., "Alexander the Great and West Nile virus encephalitis", *Emerg Infect Dis*, 2003 Dec.

Marra MA et al., "The Genome sequence of the SARS-associated coronavirus", *Science*, 2003.

Mayor S, "Flu experts warn of need for pandemic plans", *BMJ*, 2000 Oct 7.

McNicholl IR & McNicholl JJ, "Neuraminidase inhibitors: zanamivir and oseltamivir", *Ann Pharmacother*, 2001.

Melidou A et al., "Influenza A(H5N1): an overview of the current situation", *Euro Surveill*, 2009.

Meyer H et al., "Outbreaks of disease suspected of being due to human monkeypox virus infection in the Democratic Republic of Congo in 2001", *J Clin Microbiol*, 2002.

Middleton DJ et al., "Experimental Nipah virus infection in pteropid bats (Pteropus poliocephalus)", *J Comp Pathol*, 2007 May.

Mohd Nor MN et al., "Nipah virus infection of pigs in peninsular Malaysia", *Rev sci tech*, 2000.

Morens DM & Fauci AS, "The 1918 influenza pandemic: insights for the 21st century", *J Infect Dis*, 2007.

Morens DM et al., "Predominant role of bacterial pneumonia as a cause of death in pandemic influenza: implications for pandemic influenza preparedness", *J Infect Dis*, 2008.

Morse SS, *Emerging Viruses*, New York: Oxford University Press, 1993.

Moscona A, "Neuraminidase inhibitors for influenza", *N Engl J Med*, 2005.

Munster VJ et al., "Pathogenesis and transmission of swine-origin 2009 A(H1N1) influenza virus in ferrets", *Science*, 2009 Jul 2.

Murray CJ et al., "Estimation of potential global pandemic influenza mortality on the basis of vital registry data from the 1918-20 pandemic: a quantitative analysis", *Lancet*, 2006 Dec 23.

Murray K et al., "A morbillivirus that caused fatal disease in horses and humans", *Science*, 1995.

Murray K et al., "A novel morbillivirus pneumonia of horses and its transmission to humans", *Emerg Infect Dis*, 1995.

Nature, "The 1918 virus is resurrected", *Nature*, 2005.

Neumann G et al., "Generation of influenza A viruses entirely from cloned cDNAs", *PNAS*, 1999.

Newman SH et al., "Migration of whooper swans and outbreaks of highly pathogenic avian influenza H5N1 virus in eastern Asia", *PLoS One*, 2009.

Newman SH et al., "The nature of emerging zoonotic diseases: ecology, prediction, and prevention", *Med Lab Obs*, 2005.

Ng FKS, 1999, "Hendra-like (NIPAH) virus: Malaysia epidemic", Pighealth.com, http://tinyurl.com/knotj.

Vet Rec, 2006.

"Novel Swine-Origin Influenza A (H1N1) Virus Investigation Team et al. Emergence of a novel swine-origin influenza A (H1N1) virus in humans", *N Engl J Med*, 2009 Jun 18.

Okazaki K et al., "Precursor genes of future pandemic influenza viruses are perpetuated in ducks nesting in Siberia", *Arch Virol*, 2000.

Olofsson S et al., "Avian influenza and sialic acid receptors: more than meets the eye?", *Lancet Infect Dis*, 2005.

Olsen CW et al., "Triple reassortant H3N2 influenza A viruses, Canada, 2005", *Emerg Infect Dis*, 2006.

Olson DR et al., "Epidemiological evidence of an early wave of the 1918 influenza pandemic in New York City", *Proc Natl Acad Sci USA*, 2005.

Palese P & Compans RW, "Inhibition of influenza virus replication in tissue culture by 2-deoxy-2,3-dehydro-N-trifluoroacetylneuraminic acid (FANA): mechanism of action", *J Gen Virol*, 1976.

Pappaioanou M, "Highly pathogenic H5N1 avian influenza virus: cause of the next pandemic?", *Comp Immunol Microbiol Infect Dis*, 2009.

Patterson KD & Pyle GF, "The geography and mortality of the 1918 influenza pandemic", *Bull Hist Med*, 1991.

Pattyn SR, "Monkeypox virus infections", *Rev Sci Tech*, 2000.

Pavri KM et al., "Isolation of a new parainfluenza virus from a frugivorous bat, Rousettus leschenaulti, collected at Poona, India", *Am J Trop Med Hyg*, 1971.

Peiris JS et al., "Cocirculation of avian H9N2 and contemporary "human" H3N2 influenza A viruses in pigs in southeastern China: potential for genetic reassortment?", *J Virol*, 2001.

Peiris JS et al., "Coronavirus as a possible cause of severe acute respiratory syndrome", *Lancet*, 2003.

Peiris JS et al., "Emergence of a novel swine-origin influenza A virus (S-OIV) H1N1 virus in humans", *J Clin Virol*, 2009 Jun 11.

Perrone LA et al., "H5N1 and 1918 pandemic influenza virus infection results in early and excessive infiltration of macrophages and neutrophils in the lungs of mice", *PLoS Pathog*, 2008 Aug 1.

Platonov AE, "West Nile encephalitis in Russia 1999-2001: were we ready? Are we ready?", *Ann N Y Acad Sci*, 2001.

Poon LL et al., "Identification of a novel coronavirus in bats", *J. Virol*, 2005.

Pritchard LI et al., "Pulau virus; a new member of the Nelson Bay orthoreovirus species isolated from fruit bats in Malaysia", *Arch Virol*, 2006.

Quirk M, "Zoo tigers succumb to avian influenza", *Lancet Infect Dis*, 2004.

Reid AH et al., "Novel origin of the 1918 pandemic influenza virus nucleoprotein gene", *J Virol*, 2004.

Reid AH et al., "Relationship of pre-1918 avian influenza HA and NP sequences to subsequent avian influenza strains", *Avian Dis*, 2003.

Reid AH, Taubenberger JK, Fanning TG, "The 1918 Spanish influenza: integrating history and biology", *Microbes Infect*, 2001 Jan.

Reynes JM et al., "Nipah virus in Lyle's flying foxes, Cambodia", *Emerg Infect Dis*, 2005.

Rogers SO et al., "Recycling of pathogenic microbes through survival in ice", *Med Hypotheses*, 2004.

Rota PA et al., "Characterization of a novel coronavirus associated with severe acute respiratory syndrome", *Science*, 2003.

Scholtissek C et al., "The nucleoprotein as a possible major factor in determining host specificity of influenza H3N2 viruses", *Virology*, 1985.

Science and Technology Committee, "4th Report of Session 2005-06", Pandemic Influenza. Report with Evidence, 16 December 2005.

Scofield FW & Cynn HC, "Pandemic influenza in Korea with special references to its etiology", *JAMA*, 1919.

Selvey LA et al., "Infection of humans and horses by a newly described morbillivirus", *Med J Aust*, 1995.

Sendow I et al., "Henipavirus in Pteropus vampyrus bats, Indonesia", *Emerg Infect Dis*, 2006.

Shinya K et al., "Avian flu: influenza virus receptors in the human airway", *Nature*, 2006.

Shope RE, "Influenza: history, epidemiology, and speculation", *Public Health Rep*, 1958.

Sidwell R et al., "Efficacy of orally administered T-705 on lethal avian influenza A (H5N1) virus infections in mice", *Antimicrob Agents Chemother*, 2007.

Singer BH & de Castro MC, "Agricultural colonization and malaria on the Amazon frontier", *Ann NY Acad Sci*, 2001.

Smith AW et al., "Ice as a reservoir for pathogenic human viruses: specifically, caliciviruses, influenza viruses, and enteroviruses", *Med Hypotheses*, 2004.

Smith GJ et al., "Dating the emergence of pandemic influenza viruses", *PNAS*, 2009.

Smith S, "Crossing the species barrier from AIDS to Ebola: Our most deadly diseases have made the leap from animals to humans", *Boston Globe*, April 29, 2003.

Song HD et al., "Cross-host evolution of severe acute respiratory syndrome coronavirus in palm civet and human", *PNAS*, 2005.

Specter M, "Nature's bioterrorist", *New Yorker*, February 28, 2005.

Sturm-Ramirez KM et al., "Reemerging H5N1 influenza viruses in Hong Kong in 2002 are highly pathogenic to ducks", *J Virol*, 2004.

Suzuki Y, "Sialobiology of influenza: molecular mechanism of host range variation of influenza viruses", *Biol Pharm Bull*, 2005.

Tam JS, "Influenza A (H5N1) in Hong Kong: an overview", *Vaccine*, 2002.

Taubenberger JK & Morens DM, "1918 Influenza: the mother of all pandemics", *Emerg Infect Dis*, 2006.

Taubenberger JK et al, "Discovery and characterization of the 1918 pandemic influenza virus in historical context", *Antivir Ther*, 2007.

Taubenberger JK et al., "Initial genetic characterization of the 1918 "Spanish" influenza virus", *Science*, 1997.

Taylor LH et al., "Risk factors for human disease emergence", *Philos Trans R Soc Lond B Biol Sci*, 2001.

Teeling EC et al., "A molecular phylogeny for bats illuminates biogeography and the fossil record", *Science*, 2005.

Teleman MD et al., "Factors associated with transmission of severe acute respiratory syndrome among health-care workers in Singapore",

Epidemiol Infect, 2004.

Trilla A et al., "The 1918 "Spanish flu" in Spain", *Clin Infect Dis*, 2008.

Tu C et al., "Antibodies to SARS coronavirus in civets", *Emerg. Infect. Dis*, 2004.

Tumpey TM et al., "Characterization of the reconstructed 1918 Spanish influenza pandemic virus", *Science*, 2005 Oct 7.

Tumpey TM et al., "Characterization of the reconstructed 1918 Spanish influenza pandemic virus", *Science*, 2005.

Uchida Y et al., "Highly pathogenic avian influenza virus (H5N1) isolated from whooper swans, Japan", *Emerg Infect Dis*, 2008 Sep.

UNAIDS, WHO (December 2007), "2007 AIDS epidemic update" (PDF), http://data.unaids.org/pub/EPISlides/2007/2007_epiupdate_en.pdf. Retrieved on 2008-03-12.

United States Department of Health and Human Services, "The Great Pandemic: the united states in 1918-1919" http://1918.pandemicflu.gov/your_state/kansas.htm.

United States Department of Health and Human Services, "The Great Pandemic: the united states in 1918-1919" http://1918.pandemicflu.gov/your_state/massachusetts.htm.

Uppal PK, "Emergence of Nipah virus in Malaysia", *Annals of the New York Academy of Sciences*, 2000.

Vasconcelos CH et al., "Use of remote sensing to study the influence of environmental changes on malaria distribution in the Brazilian Amazon", *Cad Saude Publica*, 2006.

Vittor AY et al., "Linking deforestation to malaria in the Amazon: characterization of the breeding habitat of the principal malaria vector", *Anopheles darlingi. Am J Trop Med Hyg*, 2009.

Wacharapluesadee S et al., "Bat Nipah virus, Thailand", *Emerg Infect Dis*,

2005.

Wang M et al., "SARS-CoV infection in a restaurant from palm civet", *Emerg. Infect. Dis*, 2005.

Watanabe T et al., "Viral RNA polymerase complex promotes optimal growth of 1918 virus in the lower respiratory tract of ferrets", *PNAS*, 2009.

Webby RJ et al., "Evolution of swine H3N2 influenza viruses in the United States", *J Virol*, 2000 Sep.

Webby RJ et al., "Multiple lineages of antigenically and genetically diverse influenza A virus co-circulate in the United States swine population", *Virus Res*, 2004.

Webster RG, "Influenza: An emerging disease", *Emer Infect Dis*, 1998.

Wikipedia, "Camp Funston" http://en.wikipedia.org/wiki/Camp_Funston

Woods JM, et al., "4-Guanidino-2,4-dideoxy-2,3-dehydro-N-acetylneuraminic acid is a highly effective inhibitor both of the sialidase (neuraminidase) and of growth of a wide range of influenza A and B viruses in vitro", *Antimicrob Agents Chemother*, 1993.

World Health Organization (WHO), "Summary of probable SARS cases with onset of illness from November 1, 2002 to July 31, 2003. 2004", http://www.who.int/csr/sars/country/table2004_04_21/en/index.html

Xie X et al., "How far droplets can move in indoor environments--revisiting the Wells evaporation-falling curve", *Indoor Air*, 2007.

Xu HF et al., "An epidemiologic investigation on infection with severe acute respiratory syndrome coronavirus in wild animals traders in Guangzhou", *Zhonghua Yu Fang Yi Xue Za Zhi*, 2004.

Xu RH et al., "Epidemiologic clues to SARS origin in China", *Emerg. Infect. Dis*, 2004.

Xu X et al., "Genetic characterization of the pathogenic influenza A/Goose/Guangdong/1/96 (H5N1) virus: similarity of its hemagglutinin gene to those of H5N1 viruses from the 1997 outbreaks in Hong Kong", *Virology*, 1999.

Yasuoka J & Levins R., "Impact of deforestation and agricultural development on anopheline ecology and malaria epidemiology", *Am J Trop Med Hyg*, 2007.

Yob JM et al., "Nipah virus infection in bats (order Chiroptera) in peninsular Malaysia", *Emerg Infect Dis*, 2001.

Young PL et al., "Serologic evidence for the presence in Pteropus bats of a paramyxovirus related to equine morbillivirus", *Emerg Infect Dis*, 1996.

Yu H et al., "Genetic evolution of swine influenza A (H3N2) viruses in China from 1970 to 2006", *J Clin Microbiol*, 2008.

Yu H et al., "Isolation and genetic analysis of human origin H1N1 and H3N2 influenza viruses from pigs in China", *Biochem Biophys Res Commun*, 2007.

Zhang R, Zoogeography of China vol. 238, *Academy Press*, 1999.

Zhao Z et al., "Description and clinical treatment of an early outbreak of severe acute respiratory syndrome (SARS) in Guangzhou", *PR China. J Med Microbiol*, 2003.

Zhong NS et al., "Epidemiology and cause of severe acute respiratory syndrome (SARS) in Guangdong, People's Republic of China, in February, 2003", in *Lancet*, 2003.

Zhou NN et al., "Genetic reassortment of avian, swine, and human influenza A viruses in American pigs", *J Virol*, 1999.

나진주 등, 『수의과학기술개발사업 2007연구보고서』

신호성 등, 『기후변화에 따른 전염병감시체계 개선방향』, 한국보건사회연구원, 2009.

우병준 등, 「고병원성 조류인플루엔자의 경제적 피해계측」, 농촌경제연구원, 2008. 6. 27.

이정은, 「매일신보에 나타난 3.1운동 직전의 사회상황」, 『한국독립운동사연구』, 1990.

조선총독부, 『통계연보』, 1918.

천명선 & 양일석, 「1918년 한국내 인플루엔자 양상과 연구동향: 스코필드박사의 논문을 중심으로」, 『의사학』, 2007.

최강석 등, 「우역의 발생역학과 방제대책」, 『대한수의사회지』, 1999.

최강석, 「웨스트나일뇌염과 야생조류의 역할」, 『수의과학검역정보지 27』

찾아보기

바이러스의 습격

펴낸날 초판 1쇄 2009년 11월 16일
초판 4쇄 2020년 4월 9일

지은이 최강석
펴낸이 심만수
펴낸곳 (주)살림출판사
출판등록 1989년 11월 1일 제9-210호

주소 경기도 파주시 광인사길 30
전화 031-955-1350 팩스 031-624-1356
홈페이지 http://www.sallimbooks.com
이메일 book@sallimbooks.com

ISBN 978-89-522-1290-0 03470

※ 값은 뒤표지에 있습니다.
※ 잘못 만들어진 책은 구입하신 서점에서 바꾸어 드립니다.